YAMAHA
Revs Your Heart
狂賀
勁戰車系
銷售突破百萬台
CYGNUS
GRYPHUS
水冷引擎
頭燈
尾燈
Blue Core技術 X 水冷系列 X VVA
可變汽門YAMAHA創造全新動能
採侵略感的分離設計
展現掠食風範
呼應車頭採雙眼式配置
猛禽的設計元素打造，更符合流行趨

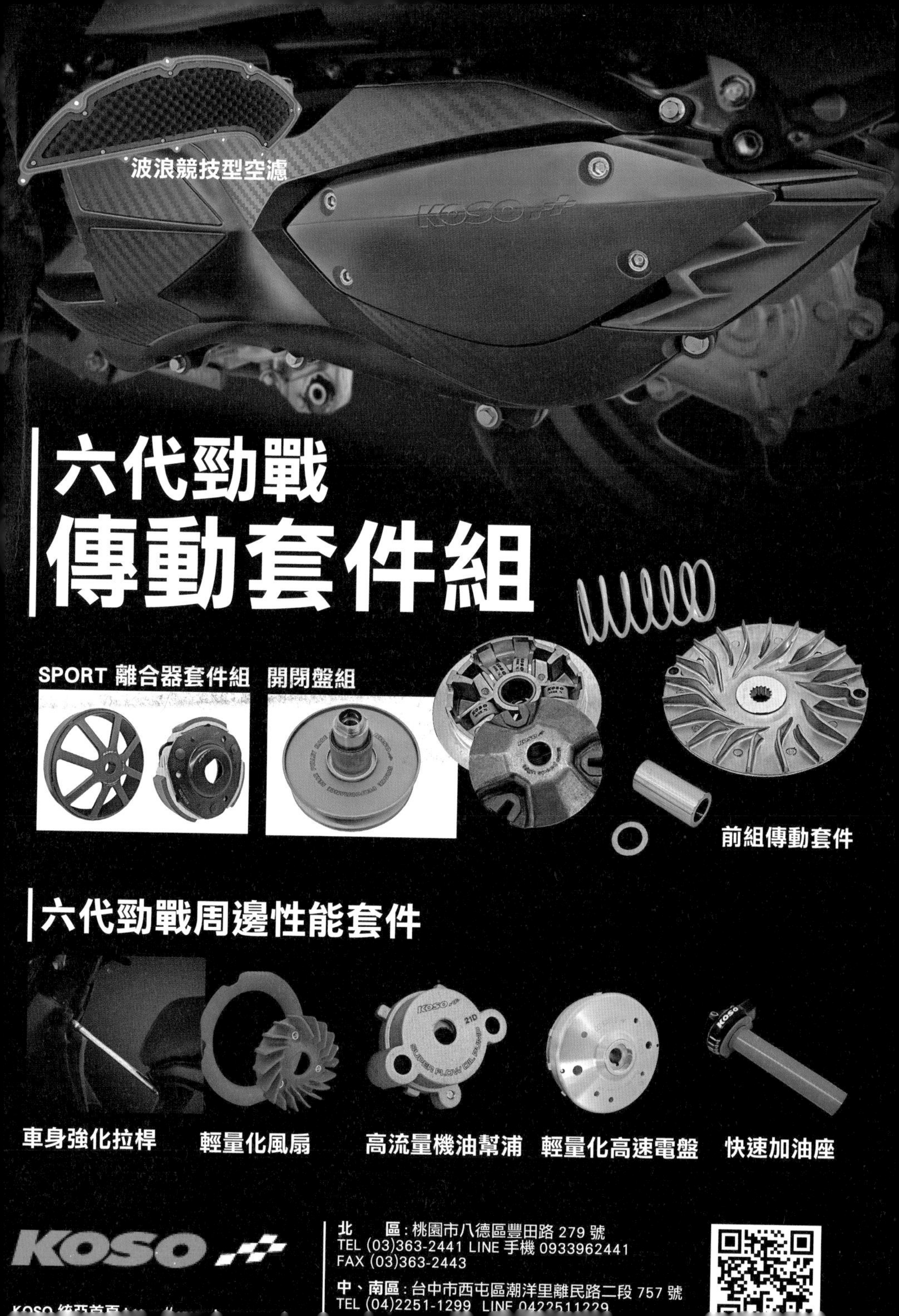
波浪競技型空濾
六代勁戰
傳動套件組
SPORT 離合器套件組
開閉盤組
前組傳動套件
六代勁戰周邊性能套件
車身強化拉桿
輕量化風扇
高流量機油幫浦
輕量化高速電盤
快速加油座
KOSO
北　　區：桃園市八德區豐田路 279 號
TEL (03)363-2441 LINE 手機 0933962441
FAX (03)363-2443
中、南區：台中市西屯區潮洋里離民路二段 757 號
TEL (04)2251-1299 LINE 0422511229

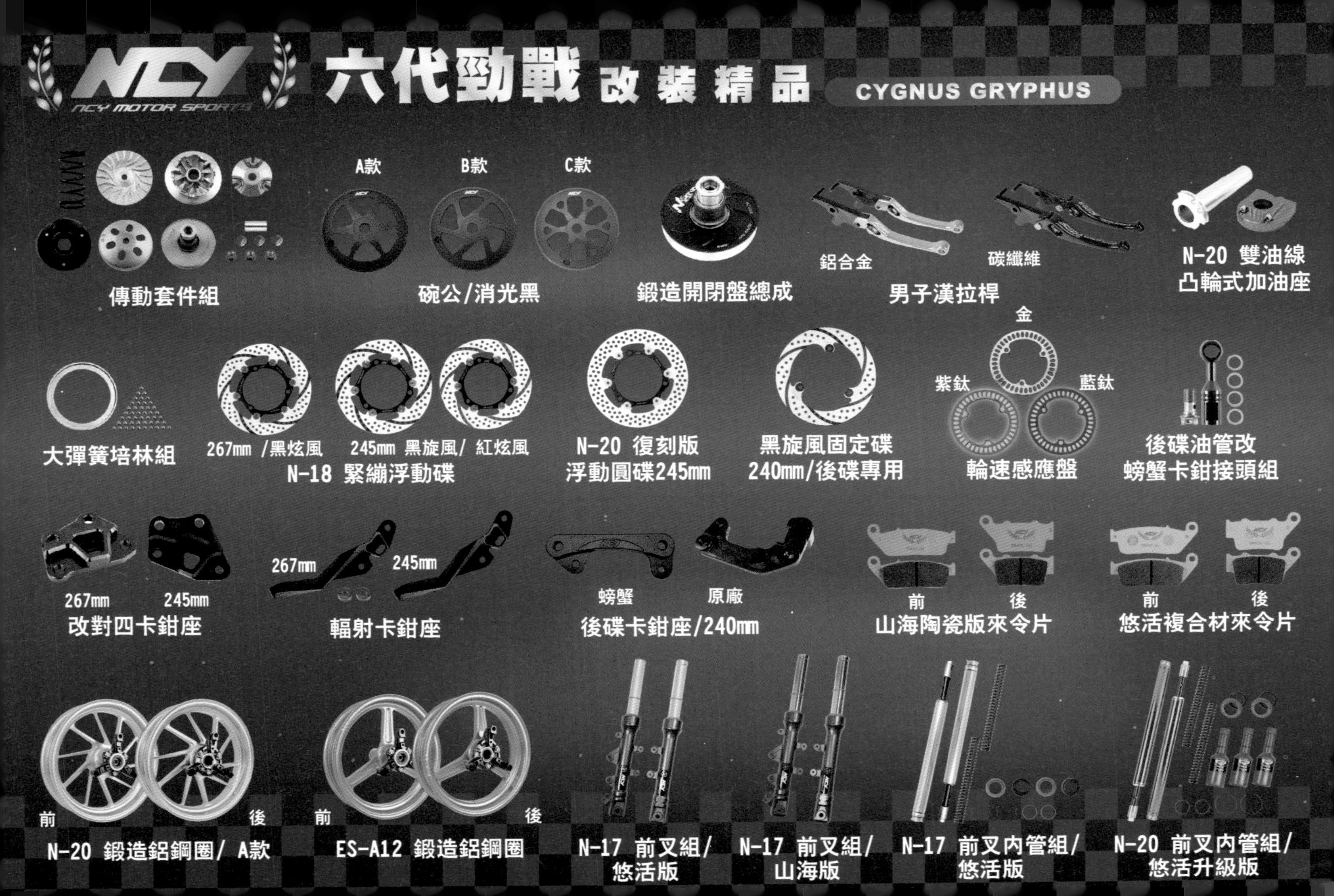

NCY MOTOR SPORTS
六代勁戰 改裝精品
CYGNUS GRYPHUS
傳動套件組
A款
B款
C款
碗公/消光黑
鍛造開閉盤總成
鋁合金
碳纖維
男子漢拉桿
N-20 雙油線
凸輪式加油座
大彈簧培林組
267mm /黑炫風
245mm 黑旋風/ 紅炫風
N-18 緊繃浮動碟
N-20 復刻版
浮動圓碟245mm
黑旋風固定碟
240mm/後碟專用
金
紫鈦
藍鈦
輪速感應盤
後碟油管改
螃蟹卡鉗接頭組
267mm
245mm
改對四卡鉗座
267mm
245mm
輻射卡鉗座
螃蟹
原廠
後碟卡鉗座/240mm
前
後
山海陶瓷版來令片
前
後
悠活複合材來令片
前
後
N-20 鍛造鋁鋼圈/ A款
前
後
ES-A12 鍛造鋁鋼圈
N-17 前叉組/
悠活版
N-17 前叉組/
山海版
N-17 前叉內管組/
悠活版
N-20 前叉內管組/
悠活升級版

勁戰六代
改裝應用剖析

MotorWorld
摩托車雜誌特刊

1994 年開始賽車生涯
參加過的比賽及活動（概略）

國內外

・山葉 JOG 盃（飛達賽車場）
・三陽盃全省巡迴賽
・TIS 機車錦標賽（中華賽會）
・全國速克達開放組機車錦標賽（台灣省摩托車運動協會）
・新竹 MOTO CROSS 越野賽（新竹越野協會）
・高雄 PRK 速克達錦標賽（PRK 場地主辦）
・中國大陸全國摩托車錦標賽
・MOTO RENA JAPAN 日本岡山國際賽車場
・全日本速克達錦標賽
・德國 24 小時耐久賽
・鈴鹿 4MINI MOTO 耐久賽
・日本茂木 DE 耐
・澳門路環回歸杯

合格證照資格

・日本 MFJ 全國級選手
・FIM B 級裁判
・FIM 台灣機車競賽考證教練
・ARTC 車測合格測試員
・紅十字會緊急救護合格員

作者

吳仲軒（老吳）

出生

1976 年

現任

・（TSR）台灣騎士精神發展運動協會創辦人
・走屋國際車業有限公司 負責人
・TSR 台南安定賽車場 經營者

前言

玩車是愉快的，即使到老，我還是會很喜歡馳騁機車的感覺，賽車是挑戰，沒有永遠的強者與弱者，有能力的時候應該拉人一把，沒有能力時就應該學著謙虛。在台灣較不健全的機車運動環境之中，要職業化是很難的事情，所以玩車或是賽車的人，都應該要學會如何調整心態，勝不驕敗不餒，勇於挑戰追求無止盡的機車操控技巧，勝負有時變的不是那麼重要，重要的而是享受那過程，並且要有騎士的風範與精神。然而玩車是存在危險的，每位熱愛機車運動的朋友也都應該注意自己安全，量力而為、量入為出，才能長長久久、充滿樂趣。

老吳的故事簡介

未滿 18 歲前是一個充滿幻想與無知的年代，一切都很簡單，就是「衝」，摔車已經是家常便飯，1994 年有一天看到山葉 JOG 盃的宣傳海報，穿著牛仔褲就跑去第一站比賽了，第一次就拿到第 7 名，加深了自己的信心後開始苦練，膝蓋磨地的初體驗正式開始，當然還是搞得全身都是傷。第二站在苦練之後大敗連決賽都沒進，換來懊惱與失望。後來開始重視正統賽車技巧並且加強練習路線，1994 年第三站比賽時，獲得人生第一個獎盃。

在偶然的經驗之中認識當時三陽安駕中心的校長，正式參加賽車訓練營，騎著老爸的金旺 90，一路從台北騎到新竹安駕中心，開始接受正統的賽車訓練，在當時 3 天 2 夜的訓練過程中，大家的感情真的都很好，但其實第一次受訓的心態很差，一直都覺得自己很強，老師講得都是胡說。（兩年後）第二次帶著當時跟我一起玩車的朋友再去，自己靜下心來聽，才發現自己的賽車技術根本不確實。

1994 年 YAMAHA CUP
第三站比賽時，17 歲
獲得人生第一個獎盃

18 歲到新竹安駕中心，開始接受正統的賽車基礎訓練

當兵前在當年龍潭 TIS 的最後一戰，之後沒幾年 TIS 也結束了

背後是當年的 SYM 新豐賽車場，場地規畫的非常漂亮

退伍後前往日本參賽，騎乘當年的熱門機型本田 NSR250

車輛知識啟發再參加比賽

當兵時一有空就念關於機車的書，加強自己的專業知識，在偶然機會之中學習了點日文、並踏上日本機車修理學習之旅，也首次參加了日本機車賽車活動。回台灣後過了幾個月成立走屋國際車業，修修機車也沒有想太多，每個月的收入也很平均，不懂的知識就向人學習請益，或是念念日本出版的機車構造原理書籍，但想玩車的心還是沒有停止，開始回到我的跑山路的日子，後來手癢又跑去比摩委會比賽，重新開始了我的賽車生涯，已經成熟的賽車技巧讓我如魚得水，屢屢創下佳績，20 初頭的體力也是尖峰，每個都是我想超越的對手，2001 年拿下中國大陸全國摩托車錦標賽年度冠軍，當時是我個人賽車生涯達到最顛峰的時候。

萌生舉辦賽車

在當時 2003 年的一些比賽不愉快的問題之下，台灣機車賽事因此停辦，之後台灣有二到三年沒有好的機車運動活動，自己也覺得很可惜，2005 年決定開始正式舉辦機車賽事，培育國內下一代選手，並且加強中日兩國選手的交流，因為看過台灣機車比賽曾經惡鬥過，我深信在沒有很大的利益前提之下舉辦，一定可以比較成功，活動也才能夠久遠。我辦活動有一個心態不是很健康，那就是誰也不欠誰，耍大牌或是沒水準的選手可以不要來比，不守規則的選手直接列入不歡迎名單，世界級的任何體育運動賽事，再有名有錢的運動明星，都要遵守賽規以及要有運動員的精神，賽車跟飆車是一線之間，沒有規則的賽車就是飆車！所以我認為絕對有必要矯正賽車觀念，未來台灣選手才有機會與國際接軌，並且藉此提升賽車風氣與運動形象，社會才能接受賽車運動。

日本修車的日子見識相當多，增加了不少車輛專業知識

18 歲就開始在 TIS 比賽 NSR150，當年連續拿下兩次新手組冠軍

於全國體育運動學術團體聯合年會中獲得體育運動耕耘獎的殊榮

持續舉辦國內賽車，推動台灣賽車運動

推動台灣選手與國際接軌，並且藉此提升賽車風氣與運動形象

勁戰六代車輛工程與改裝應用剖析

由 TSR 賽會老吳在業界超過 25 年資歷分析原廠設計概念，與業界開發改裝品應用分析，主觀提供更寬廣的見解與看法，並且與賽車結合蹦出全新火花。

Cygnus Gryphus 新一代傳奇降世

文／摩托車雜誌編輯部

多年來早已累積超過 65 萬台的勁戰車系於 2020 年在為這部動靜皆宜的重點車款做出改款時，如何再度創造出兼具搶眼外觀、強勁引擎及優異操控性便成為了六代勁戰的訴求目標。

2020 - 六代目 Cygnus Gryphus

規格表	
引擎形式	氣冷四行程單缸 4V
排氣量	125cc
缸徑 x 行程	52 x 58.7mm
壓縮比	11.2:1
最大馬力	12ps/8000rpm
最大扭力	11.2Nm/6000rpm
前煞車	碟煞／Φ245／單向雙活塞卡鉗
後煞車	碟煞／Φ230／單向單活塞卡鉗
車身尺碼	長寬高 1935×690×1160mm
軸距	1340mm
座高	785mm
裝備重量	123/124kg（UBS／ABS 版）
油箱容量	6.1L
輪胎尺寸	前 120/70-12；後 130/70-12

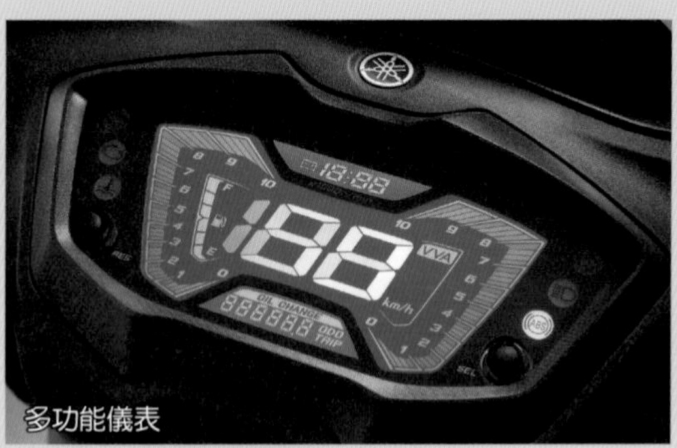
多功能儀表

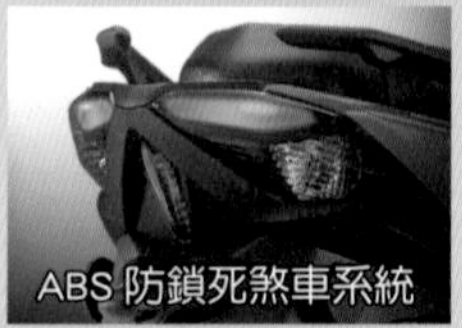
ABS 防鎖死煞車系統

反射式 LED 頭燈

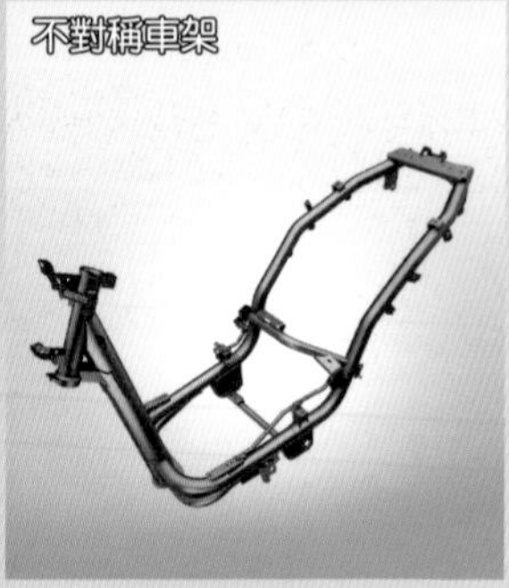
不對稱車架

LED 尾燈及煞車燈

水冷 BLUECORE 引擎

第六代 CYGNUS GRYPHUS 擁有更具肌肉感的立體構成以及銳利線條，車頭造型也由過往的單燈式樣更改為全 LED 的雙燈造型，近燈採單邊照明、打開遠燈時則會將左右側燈組同時點亮；尾燈部分則是延續了導光設計，搭配中央獨立煞車燈的元素，讓整體表情更加豐富，同時也在整體外觀中發現了與 NMAX、Force 甚至是 XMAX 與 TMAX 等車款相似的家族設計，代表了 CYGNUS GRYPHUS 也融入了全球 YAMAHA 的系列家族語彙當中，共享同樣的血統。

引擎採用與 NMAX、Aerox 155 相當相似的 Bluecore 引擎，先天的水冷設計加上藍核引擎高效率燃燒、高效冷卻以及低損耗等造車宗旨，讓其動力相較前代來說不減反增，在 VVA 可變汽門科技注入的推波助瀾下擁有 12ps/8000rpm 的軸輸出以及 11.2Nm/6000rpm 的扭力表現，最大馬力與扭力都分別增長了 30％及 17％之多；而油耗表現相較前代相比卻擁有每公升多達 5.2km 之多的平均油耗表現！

除了動力核心，CYGNUS GRYPHUS 的車架設計也同樣充滿亮點：剛性提升 25％的車架用上了 YAMAHA 近年來獨家的非對稱式設計，無論是縱向剛性、抗扭矩性都擁有相當不錯的表現，操控表現有過之而無不及。

勁戰家族史
經典車系歷史演化

近代速克達傳奇車款

勁戰車系自 2002 年推出之後，以優異的彎中穩定性及驚人的傾角刷新當時人們對於速克達操控性能的印象，也奠定現代運動速克達的基礎。往後的十幾年中，勁戰一直都是追求操控樂趣，亦或是強大改裝潛力車款消費者的首選。同時，國內大大小小的比賽中勁戰車系不只常見，也是頒獎台上的常勝軍，甚至有國內的車隊採用勁戰車款赴國外參賽，也能獲得相當好的成績，所以說勁戰良好的體質是大家有目共睹的。

初代勁戰是以全球戰略車為核心理念，有別於當時普遍的機車設計，勁戰加入了12吋輪圈、雙槍後避震、可動式斜板以及大容量車箱的設計，打造出不論外觀質感、行車品質以及實用性能都更優異的車款。也因為重本的加入了雙槍後避震及12吋輪圈等設計，讓勁戰車系在彎中的操控性能優於當時市場上所有同級車款，促使這部車在市場上火熱起來，展開長達十幾年的熱賣期。

2018
五代勁戰

五代勁戰加入了不少全新配備，包括與 MT-09 同等級的 ABS 系統，讓制動性能更上一層樓。除此之外，五代勁戰也首度搭載反射式 LED 頭燈來提升照明性。細節部分的更改讓五代勁戰整體外觀變得更具質感及未來感，外觀設計也考量到空氣力學，除了美觀對性能也有幫助。

▲導入 ABS 系統，安全再升級

2012 三代勁戰

次世代的外觀設計包括了 LED 定位燈、造型更精實的 LED 尾燈，且以更洗煉的線條刻劃出運動感強烈的外觀。除了外觀的升級之外，三代勁戰在實用性、舒適性以及運動性能都有所提升。全新儀表板新增電壓檢視的功能，車重減輕 3% 對於油耗、性能都有影響。針對起步無力以及煞車性能的部分 YAMAHA 也加以改善。

2015 四代勁戰

四代勁戰上首度加入了前後雙碟煞的配置大幅提升四代勁戰的制動性能。動力部份則針對進排氣系統以及凸輪軸部份進行升級，改善起步及加速性能表現。四代勁戰的外觀採用更為簡潔的線條刻劃，未來感十足卻不失運動元素的設計受到不少消費者的青睞。

2002 一代勁戰

最初勁戰除運動性能外，更是訴求如重車般的高級質感、舒適的行車體驗以及充裕的置物空間。為了滿足上述所提的訴求，一代勁戰採用了當時市場少見的配備及設計，包括 12 吋輪框、後雙槍避震器以及可動式前土除的設計。由於採用雙槍避震以及 12 吋輪框的配置，開啟制霸台灣賽道及山道多年的傳奇。

2006 二代勁戰

軸距微幅增長，乘坐體驗因空間放大而變得更為舒適。全新的外觀加入了更具運動感的設計，除此之外配備也大幅升級。包括辨識度更高的 LED 尾燈（2009 年改款）及指針液晶混合儀表、245mm 浪花碟盤、飛炫踏板及收納式掛勾（2010 年改款），這些重點改變都是從二代延續下去的。

CHAPTER 1 歷代車輛大不同

不斷地在嘗試中進化

第一代勁戰的誕生，可以追朔到 2002 年，算起來已經有18至19個年頭之久，當年推出時賣相不佳，大家都覺得這台天鵝實在醜到不行，一度飽受經銷商與客戶的批評，由於有別於當時坊間流行的斜板設計、大燈在把手前面、10 吋輪胎等等的主流設計。

2003 年至 2004 年開始賣起來，但同時又跟山葉 RS100 車系重疊

2002 年初代勁戰被批評的很慘，在當時也賣得不好，但夾帶著優異的運動性能與 4V 引擎慢慢被消費者們所接受，2003 年至 2004 年開始賣起來，雖然話說整個開始賣起來，但同時又跟山葉 RS100 車系重疊，很多玩家還是認為 RS100 又輕又快，以至於當時主流賽事還是以 10 吋的 RS100 為主，當時許多所謂的最高比賽級別 OPEN 組（開放組），在 2005 年前還是奪冠大熱門，並且在 RS100 的上一代 SUPER FOUR 改裝品已經相當成熟，短期內勁戰車系真的不是 RS100 的對手。

RS100 又輕又快，主流賽事還是以 10 吋的 RS100 為主

2009 年安定賽車場 100cc 組起跑畫面，10 吋機型在當時還很熱門

2007 年日本中村選手一度還以 RS100 車系刷新極限場地紀錄

以往 100cc 組 10 吋級距，絕對是賽是兵家必爭之組別

勁戰車系發展成功有一個非常重要的關鍵之一，那就是輪胎開發

12吋關鍵的契機

勁戰車系發展成功有一個非常重要的關鍵之一，那就是輪胎開發，在當時日本普利司通推出了一款名為BT601的輪胎，這款輪胎其實最早是對應給日本12吋小檔車比賽使用，而普利司通輪胎在做出這款輪胎前，早已經積極投入世界頂級F1賽事與MOTO GP賽事，投入大量資金累所積出來的KNOW HOW，不斷修正測試後，推出神胎BT601，至今賣了15年以上，還是目前TSR A級賽事選手們熱愛的輪胎款式之一。

2010年開始，10吋機型參加台數逐漸慢慢減少

好引擎好車架與好懸吊特性，配上神胎BT601，為騎士們帶來前所未有的暢快騎乘感受，在賽車場上即使RS100因為輕巧加速較快，過彎速度也沒辦法跟勁戰為敵，披敵，加上高速過彎與穩定性絕佳的安定感，2005年開始捲起山葉勁戰旋風，其他車廠無不望塵莫及，之後也奠定年輕人心中流行與性能指標地位，台灣山葉整體銷售台數衝上第二名，硬將長年第二名的三陽機車給擠了下去。

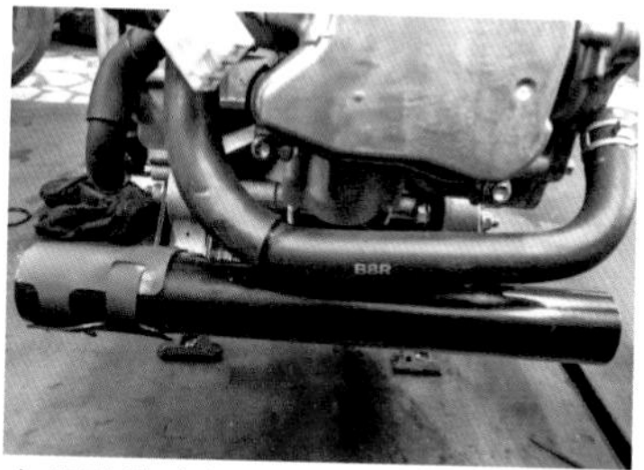

六代勁戰車架與懸吊模式，都有全新的力學設計

初代勁戰開發原由

在2000年二行程引擎全面停產後，山葉早期的四行程引擎機車如風光SV125，愛將與FZR車系，甚至於更早期搭載四行程引擎的迅光125等等，引擎的耐用性都很不好，使用久了很多引擎都容易會發生吃機油的狀況，凸輪軸用機油直接潤滑的模式，加上有些車主疏於保養，都很容易造成損壞，不過在當時的時空背景之下，許多的工業技術確實也沒現在好，不只山葉很多廠牌的機車耐用性確實也都沒有現在好，所以這邊要客觀的幫山葉講點好話，2000年以前更久的年代，騎到一半車子突然壞掉似乎都是很正常的事，所以將車輛妥善率拉高是推出勁戰車系原由之一，另外其實還有台日資持股比例等等複雜的問題，這邊是無需贅述，我們針對車輛做說明就好了。

第一代勁戰是使用 cvk 形式化油器，二代末期才開始轉為噴射引擎

六代勁戰 VVA 可變汽門引擎系統，是靠馬達在切換運作

山葉非常大膽的採用不對稱車架，實屬少見

面對歐洲石板路面

初代勁戰開發原由是使用全新引擎技術，一改引擎妥善率不佳的問題，並提升到4V引擎系統，在當時大多是2V的情況下，使用4V更高的引擎成本，以及車價比別人貴，其實面對當時的市場潮流是很有風險的，就如現在的六代勁戰使用水冷引擎與更多高級配備一樣，要反映在車價上面對消費者是否接受。

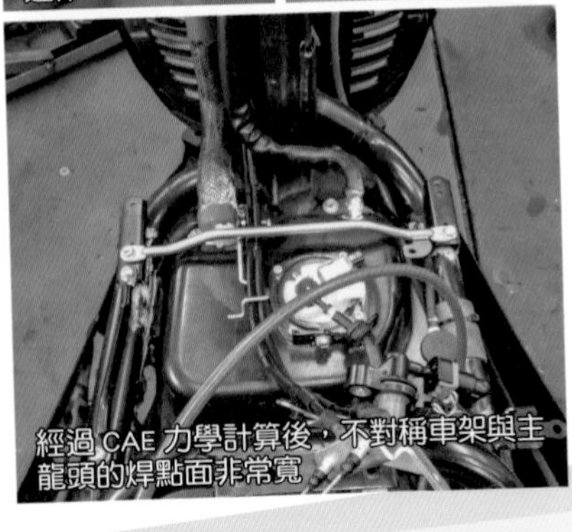
經過 CAE 力學計算後，不對稱車架與主龍頭的焊點面非常寬

而當時初代勁戰開發其實是以歐洲市場為主，這也是勁戰車系誕生原因之一，因為面對歐洲諸多的石板路面，將10吋輪胎加大到12吋，是解決來自路面震動最直接的方法，並加大車身尺寸對應歐洲人的體型，山葉以全球佈局銷售，該車型也順勢導入台灣，但我猜連日本山葉總公司，也沒料到勁戰在台灣的市場，總量賣到世界第一，遠超過歐洲與其他國家。

六代大刀闊斧的破釜沉舟來上一擊！

山葉機車以前長期推動賽車運動，比賽車輛佔有率一度到達 98%

市場性能機型定位

勁戰車系不管大家怎樣去界定他，他確實是國內近十年來的性能車機型，除了優異的過彎性能以外，賽車場永遠也少不了它的蹤影，直到這兩三年才被三陽 JETS 超越。

我認為壓倒駱駝的最後一根稻草是在勁戰五代，一顆引擎賣了超過15年，在老是換湯不換藥的情況下，台資廠商也不是笨蛋，時代在前進，科技總是會跟著進步，三陽 JETS 光一個簡單的軸承汽門搖臂系統，運用更好的引擎條件硬是將勁戰擠了下去。

搭載全新的新型短式噴射喉管，與三代到五代版本完全不同

事實上賽車場這三年原廠級比賽組別，也幾乎都是三陽 JETS 機型在奪冠，雖然說賽車場帶來的勝利，並不一定會全部反映在銷售上，但當年勁戰用賽車橫掃千軍，三陽靠賽車又扳回一城，大打廣告做出市場區隔性，新一個世代的年輕人是很容易吸收，所以你說沒用嗎？熱血的賽車運動是性能印象指標，肯定多少會有影響的。

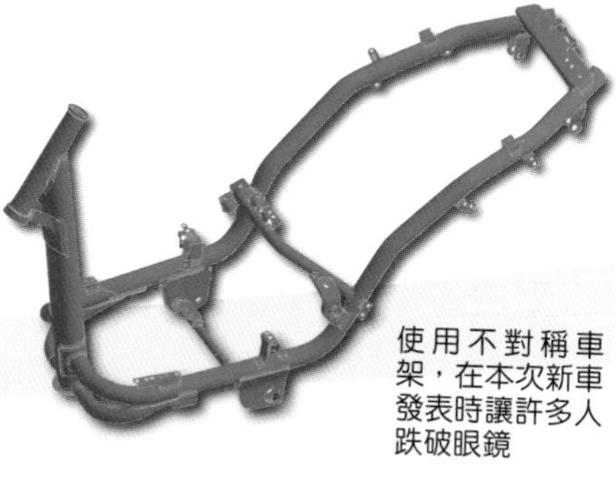

使用不對稱車架，在本次新車發表時讓許多人跌破眼鏡

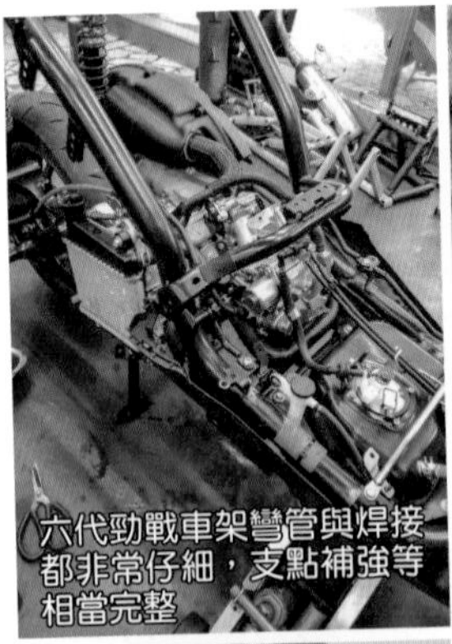
六代勁戰車架彎管與焊接都非常仔細，支點補強等相當完整

大家期待已久的滾針汽門搖臂系統終於也裝上六代勁戰了

早期 125 四行程高階比賽組別，還可以看到其他車款參加

繼續寫下全新未來

勁戰六代推出，終於大刀闊斧的破釜沉舟來上一擊！全新六代戰搭載水冷 VVA 可變汽門引擎，配合 SMG 啟動系統，大家期待已久的滾針汽門搖臂終於也裝上去了，連同七期法規同步剎車系統或是 ABS 也一次到位，配備滿載，萬眾期待的全新六代勁戰，千呼萬喚終於上市。

一推出後市場驚呼連連，全新六代勁戰在諸多設計上令人耳目一新，除了引擎之外連同車架與懸吊模式，都有全新的力學設計，所以我說六代勁戰是大刀闊斧的破釜沉舟來上一擊，一點也不為過，其中很多車輛工程在初章無法詳述，在未來的連載中，我再為讀者們一一詳述，包括改裝實際應用等，篇幅有限賣個關子先，敬請期待。

六代勁戰誕生，為車系寫下全新的一頁，該級距新性能指標

CHAPTER 2 BLUE CORE引擎科技全面應用

全球戰略引擎誕生

近年醞釀而生的山葉全球戰略引擎，BLUE CORE 引擎系統在台灣發表前，其實早幾年在東南亞早就推出，算起來台灣反而晚了東南亞幾年，所以對台灣人來說，這個「BLUE CORE」引擎名詞或許有些陌生，但在東南亞早就全面性大改款。

催生山葉推出這顆引擎的關鍵原因之一，就是本田機車在東南亞相當強勢，YAMAHA 山葉不得不做出反擊，舉例在越南有高達六成以上的機車，都是使用本田機車，其他國家如泰國、菲律賓、馬來西亞、印尼等國家，本田機車的佔有率也是非常之高，全年銷售總台數更是驚人，例如越南年銷量約在 500 至 600 萬台機車左右，市場規模是台灣的 5 至 6 倍，印尼更不用說，年銷千萬台左右的市場規模，是台灣的10倍左右。

下半年全台灣改裝業者開始動員，開發設計六代勁戰改裝品

2020年中新車一發表後，山葉廠隊馬上投入TSR錦標賽戰局

山葉機車在東南亞的市場不斷被壓縮，包括經銷商也不斷被本田機車併吞，幾年前再不做出反擊是不可能的！於是催生出全新山葉全球戰略引擎，因為使用機型相當多，比較明確市場全面性導入的改款時機，是約在2018年前後。

借力使力 順水推舟

其實勁戰這顆引擎從2003年推出開始，賣了17年左右換湯不換藥，到了四代因為加了後碟剎車系統還算撐得住場面，到了勁戰五代終於被三陽JETS擊敗，125cc市場級距王者地位不保，台灣年輕消費者也不是笨蛋，所以我說五代在我心中是4.5代（改一半而已），當時看到五代推出，不論是價格或是配備，只多了個USB的插座，真的難免失望。

全新引擎與車體設計，也讓技師摸索全新車輛設定方式

催生出山葉這顆引擎的關鍵之一，就是本田機車在東南亞相當強勢

六代勁戰的DNA血脈已經跟AEROX155這顆戰略引擎脫離不了關係

我個人從一代買到四代，但五代我真的買不下去，同時間東南亞推出AEROX155機型，加上當時我去印尼騎車旅行，總旅程騎了約2000Km，這趟旅行有一半的時間我都騎AEROX155這台車，這段旅程讓我真的愛上這台車，回台至今我共買了三台，其中一台賣掉，現在還擁有兩台。

在當時就知道，這顆戰略引擎遲早會引進台灣，因為配備太豐富，許多最新科技都完全導入在當時AEROX155新車上面，中後段扭力相當充沛，五代勁戰根本是台灣過渡時期所推出的改款，2020借力使力順水推舟導入這顆優異的引擎系統架構，六代勁戰的DNA血脈已經跟這顆戰略引擎室脫離不了關係的。

「BLUE CORE」名詞或許有些陌生，但在東南亞早就全面性大改款

不要誤會 BLUE CORE 引擎

很多人對於六代戰 BLUE CORE 引擎系統都有點誤會，很多人都覺得水冷加 VVA 可變汽門就是要非常會跑，其實不是這樣的，又有很多人覺得 BLUE CORE 引擎就是要非常省油，其實也不全然是這樣的。

山葉廠隊投入 TSR 錦標賽戰局，也帶動國內業者們積極投入改裝市場

日本 Mikuni 噴射系統為山葉車系常選用的標配之一

125cc 搭載水冷引擎在台灣或許不常見，其實東南亞早已經開始

BLUE CORE 引擎系統在節能上確實是主要訴求之一，但我們應該要從「引擎工作效率」來看，BLUE CORE 引擎系統利用許多方式，盡可能讓引擎工作效率最佳化，引擎工作效率好自然出力佳又省油，但你一顆引擎如果一直要卯起來在最高轉全速全進，BLUE CORE 引擎也不會多省油，BLUE CORE 是設定在「好騎」，甚麼叫做好騎兩個字？

六代勁戰引擎正視圖，吊架結構幾乎吃在最寬處以增加強度

電磁閥獨立運作 VVA 可變揚程系統，跟本田的油壓系統不同

新的吊架系統也讓人眼睛為之一亮，途中紅色襯套非原廠品

山葉 BLUE CORE 引擎系統利用 VVA 可變汽門揚程系統，讓輸出最佳動力帶變寬，例如讓引擎輸出從 5500RPM 至 8000RPM 都有較充沛的扭力，將馬力與扭力峰值盡可能的搭配成穩定輸出的曲線，自然就會「好騎」。

又例如它廠只將最大馬力動力帶設定在 7000 RPM 至 8500 RPM，帳面上或許最大馬力更大，但你必須要保持在一定的高轉下騎，才能感受到充沛的動力，BLUE CORE 或許最高峰動力沒有本田或它廠的車子大，但隨傳隨到動力穩定輸出，加上省油，全新山葉全球戰略引擎當之無愧，但 BLUE CORE 秘密只有這樣嗎？當然不只。

水冷幫浦設計在汽缸頭左側由凸輪軸連動，隨引擎轉速變化

BLUE CORE 引擎系統利用許多方式，盡可能讓引擎工作效率最佳化

VVA 運作時其實很簡單，利用頂桿連結所謂的「高角度凸輪軸」

水冷引擎汽門間隙並沒有特別難搞，調整上也大同小異

六代戰凸輪軸看起來有點奇怪，其實主要是另分高低角度揚程

一公升多跑 5KM 有沒有差！？

BLUE CORE 引擎最早導入到台灣的應該是勁豪車型，省油加上大車箱，廣告好像是訴求好爸爸帶小朋友去玩風箏，省油是事實，但勁豪車型賣的似乎不怎麼樣，因為山葉低價車硬要跟三陽或光陽一較長短，再怎便宜都還是比人家貴，所謂的通勤帶步低價車，說真的你一公升多跑 5Km，還不如反映車價便宜 5000 元比較實在，但你說在東南亞市場一公升多跑 5Km 有沒有差！？很有差！在大眾運輸不普及的地方，每日長距離通勤日久見人心，省油口碑就是這樣慢慢建立的。

就例如我前年去韓國騎車旅行，一台本田舊式 125 速克達與山葉 N-MAX155 同時環韓國，更大排氣量的山葉 N-MAX 感覺似乎會更耗油，但其實平均本田舊式 125 速克達每加五次油，山葉 N-MAX155 只需要加四次，而且是同油箱容量下，那當然拿舊款車跟新款車比較是有失公平，但 BLUE CORE 引擎的高效引擎工作效率，就是有差。

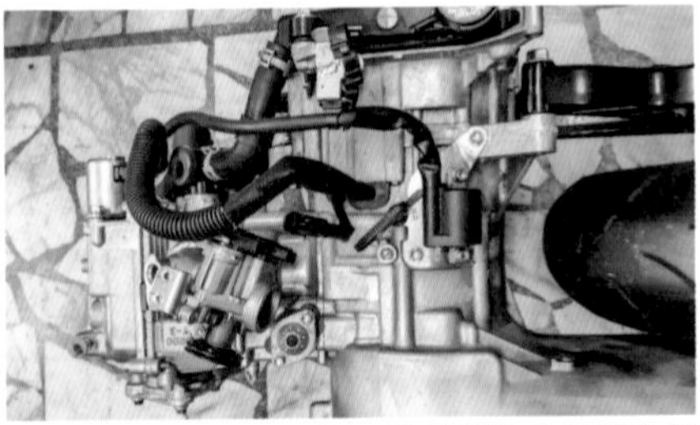

六代因為引擎配置關係，讓軸距比起前幾代都還要稍長些許

◀千呼萬喚六代勁戰汽門搖臂終於使用滾針軸承系統

離合器早接合不是詬病

很多人都對 BLUE CORE 引擎起步稍慢為之詬病，其實秘密在於山葉機車搭配 BLUE CORE 引擎的傳動系統設定，都故意讓離合器早點接合，為何要早點接合？其實只是為了減少引擎動力損失，同台車每次都 3000RPM 才接合跟 2000 才接合的設定比，當然 3000 轉才接合的車子讓人覺得起步比較快，就如同打檔車一樣，油多灌點拉轉後再放離合器，自然起步很有彈出去的感覺，正常灌油再出去的騎法感覺當然會比較軟，試想今天你在台北市通勤個 10Km，每個紅綠燈出發你都大灌油再出發，跟你順順起步相比，順順起步的騎肯定省油許多啊！

所以其實有很多人都誤會六代勁戰好像起步不快，原因其實就是出在傳動系統的設定，一台車不是只賣給愛騎快車的人，他要賣的是全面性的市場買家，省油耐用包括成本等是車廠設定的基本要求，所以有些不懂的人只會拿第一印象去評論，忘記車廠推出新車時的全面性考量，包含要符合台灣七期環保法規，說真的現在坊間一堆六代勁戰的傳動改裝品，要快換一組上去保證讓你車子脫胎換骨，所以搞懂了設計目的後再抱怨吧。

六代勁戰已經不再使用啟動馬達，引擎新增上死點洩壓裝置

CHAPTER 3

全新開發六代改裝品誕生

看完車架與引擎

在第一篇與第二篇中，已經有概述過六代勁戰的車架與引擎，複習一下第一篇中有強調不對稱車架，第二篇則針對BLUE CORE引擎系統的特性說明，接下來的單元中車架與引擎部分會依改裝品，與原廠開發設定目的再更詳細的解釋。

六代戰在 2020 年 8 月上市後至今約 6 個月，坊間的改裝品正全速開發中

六代戰在2020年8月上市後至今約6個月，坊間的改裝品正全速開發中，周邊改裝件最快推出來的莫過於傳動系統與空氣濾清器等，懸吊與剎車系統在短短半年中，許多品牌商也推出不少，可見國內改裝業界普遍看好六代勁戰改裝市場。

目前唯獨引擎件推出較慢，初期大家都以山葉N-MAX汽缸，或是東南亞AEROX155汽缸體做為加大排量做為參考依據，但好消息是最近已經有完整加大排氣量汽缸出現，2021年預計在各界努力，六代戰集合台灣業者們巧思與開發能力之下，配合水冷引擎特性，六代勁戰性能面將全力發揮，火力全開！

▲VVA可變揚程系統導入六代戰，配合水冷引擎改變國內125cc級距標配

山葉研發中心去年正式組隊參賽，力戰三陽JETS與光陽RACING

58mm原廠品改加大汽缸

去年六代上市初期，山葉N-MAX或是AEROX155汽缸為改裝首選，由於山葉DNA血脈相連，套用155cc引擎件似乎技術難度沒那樣高，在原本125cc排量躍升至155cc後，多了30cc馬力與扭力當然提升許多，騎乘起來的順暢感與加速度完整性算是相當好。

特別的是六代戰與N-MAX這顆汽缸，如果仔細觀察可以發現這兩顆原廠汽缸壁居然沒有電鍍，它是鑄鋁成形後加工完成，從汽缸壁的搪缸痕即可看出，我個人認為山葉特意將鋁料密度控制好後，搭配水冷系統均勻的散熱，省去電鍍成本與作業時間，當然也有可能使用特殊的鋁合金製成，才如此有自信的連汽缸套或電鍍都省略，當然省略後或許也可以降低成本，這部分的秘密與理由，應該只有山葉引擎工程師自己知道。

上馬力機測量是抓出引擎性能相當準確的做法，細部微調一目了然

內鍊張緊的內鍊導桿，在東南亞山葉速克達引擎中另有分為前後代不同位

那用另外一個思考邏輯，鋁製汽缸配上鋁製活塞，同樣的材料在金屬膨脹係數上是接近的，藉此控制熱變形與公差，加上水冷引擎系統，目前都沒聽到有任何吃機油等狀況，我自己的AEROX155也騎了將近2萬公里，引擎依然頭好壯壯。

原廠進排氣動作時間勢必測量，利用角度規先抓出原廠基準後再修改特性

活塞又分凹頂原廠品與平頂改裝品，壓縮比不同馬力輸出自然不同

58mm 汽缸，排氣量上升至 155cc，多以使用 N-MAX 原廠件居多

59mm 改裝缸正式脫離原廠品

剛才一直在討論利用原廠品針對六代戰進行改裝，從去年施作至今都算是相當穩定，妥善率算是很好，去年底到近期國內坊間已經有推出所謂的 59mm 規格加大汽缸組，整體動力輸出更強勁，排氣量換算等於 160cc，比起 N-MAX 汽缸組又多了 5cc，加速度又更為驚人，提高動力主因不是來自那 5cc，重點是在於活塞。

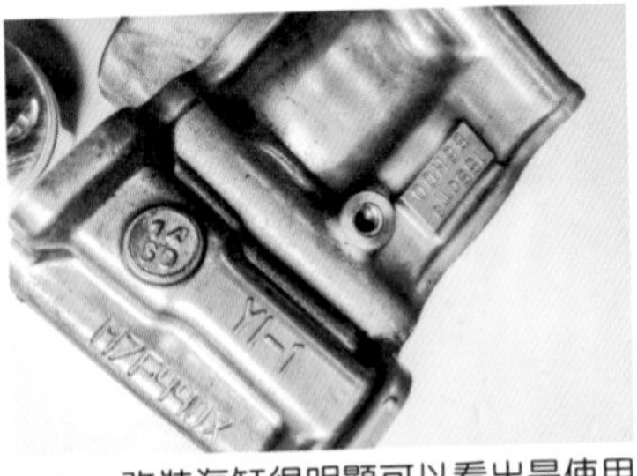
155cc 改裝汽缸很明顯可以看出是使用原廠品，旁邊有原廠產品序號

N-MAX 汽缸組所搭配的活塞是我們俗稱的「凹頂」，坊間 59mm 規格加大汽缸組則是使用「平頂」，一凹一平，壓縮比差了一大截，自然油門反應與衝力比 58 大上許多，活塞頂部汽門閃角也都一併加工完成，雖然不至於到高壓縮的「凸頂」活塞規格，相信利用平頂活塞適當的提升壓縮比增加動力，耐用性與散熱等條件都能夠更為平均，在曲軸與連桿是在原廠規格下，包括噴射喉管為原廠品的條件之下，59mm 加大汽缸組，似乎已經是動力提高的最佳選項。

59mm 改裝汽缸，排氣量躍升至 160cc 左右，平頂活塞也為標配

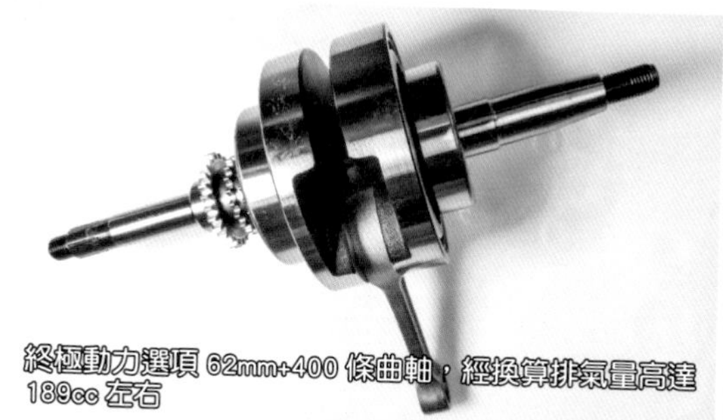

終極動力選項 62mm+400 條曲軸，經換算排氣量高達 189cc 左右

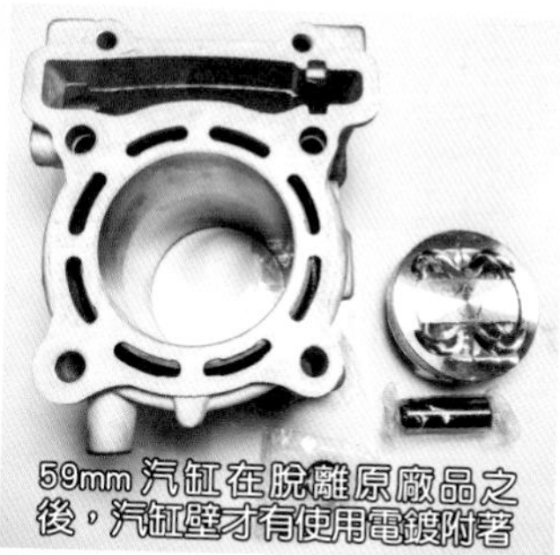

59mm 汽缸在脫離原廠品之後，汽缸壁才有使用電鍍附著

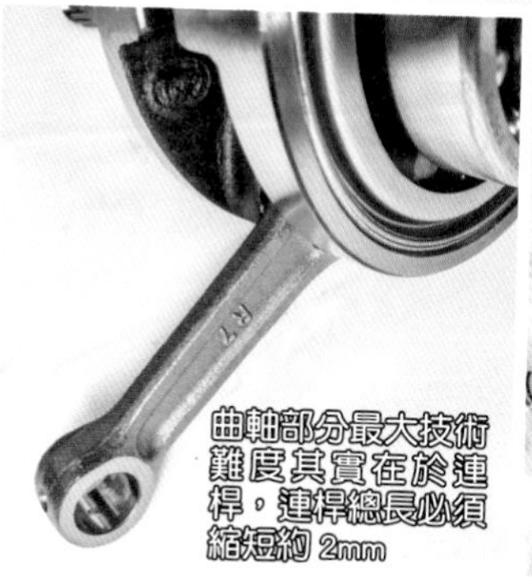

曲軸部分最大技術難度其實在於連桿，連桿總長必須縮短約 2mm

國內已有業者願意投入，顯示一片看好六代戰後續市場發展

終極動力選項 62mm＋400條曲軸

六代戰原廠缸徑 52mm 行程 58.7mm，於 8000RPM 時發揮最大動力 12P 馬力，依國產原廠動力數據來看已經相當不錯，但當然因為搭載水冷引擎，引擎條件可以比氣冷引擎更好發揮。

當時初開發汽缸頭在修正部分公差，包括內鍊中心位置基準

早在去年初，其實已經有業者在開發 Aerox155 專用改裝汽缸頭

終極動力選項 62mm+400 條曲軸，經換算排氣量高達 189cc 左右，多了 65cc 排氣量照比例換算整整多了 50％左右，雖然不到超過 200cc 以上暴改程度，但已經非常驚人了，再搭配加大汽門組與其他周邊，可輸出動力的條件是相當寬裕的，目前正式的改裝汽缸頭還沒推出，以原廠品進行加工加大汽門，藉此增加引擎流量已經完成，曲軸部分最大技術難度其實在於連桿，連桿總長必須縮短約 2mm，正確的數據我手邊是沒有，但按照常理必須重新開模具鍛造，難有現成品剛好可以直接替代，這模具費與量產花費下去總價也是相當高，國內已有業者願意投入，顯示一片看好六代戰後續市場發展。

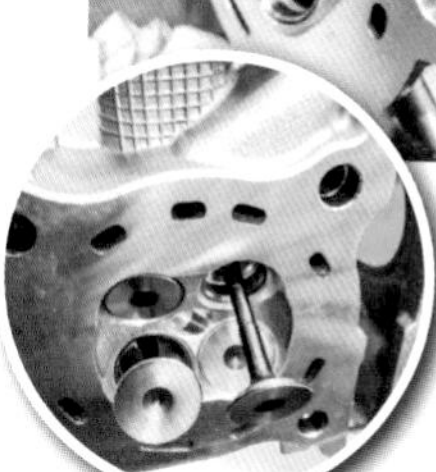

▲這張照片是六代戰正式推出的改裝汽缸頭，包括水道位置等都正確

六代戰整體軸距比前幾代都稍長，但迴旋性與靈活性依然優異

如果借鏡1至5代引擎開發過程

從一代戰誕生開始，國內從58.5mm一路發展到70以上汽缸都有出現，曲軸更是不斷加大，瘋狂去追求排氣量提高，甚至於異種移植都出現在勁戰車系上。

新世代玩家要的是更精緻的追求，包括耐用性、低噪音等

六代電腦大改版，還需要搭配控制SMG系統，更顯複雜

早期的發展大多只會提高排氣量，藉此獲得動力，但早期開發過程的損壞率非常高，中期發展開始注重協調性，適當的排氣管與噴射系統搭配，讓動力輸出的協調性越來越好，在三代戰開始國內的勁戰改裝已經爬到世界水準等級，包括電腦控制系統，凸輪軸時間控制等更完美，技師也不再一昧的只會靠追求排氣量而獲得動力。

國內四行程噴射引擎速克達改裝今天也有如此水準，包括中後期對於材質的要求，精密的加工製成等等，開發與設計力強，讓台灣在亞洲有很重要的一席之地。提到這一段鋪陳原因在於，山葉六代戰算起來原型引擎開發是從東南亞轉回台灣，是一個全新的引擎系統，不像以往是全部由台灣設計開發，在台灣發展改裝的過程中，東南亞也再前進，有可能並非都全由台灣主導，但台灣實力雄厚，只差時間去證明。

六代勁戰運用更新的科技與技術，讓消費者感受到全新的車輛工程技術

六代戰引擎 改裝更精緻

從早期至今，台灣業者們跌跌撞撞走到現在，今天所再推出的改裝品都有很好的水準，所以我認為六代勁戰改裝發展會慢慢走向精緻化，而非所謂的只會一味的追求大馬力，新世代玩家要的是更精緻的追求，包括耐用性、協調性、甚至於是低噪音的控制、價格、油耗等。

沒有經過完整的測試，甚至不實際的改裝品，在 2021 年的今天我不認為還可以行的通，在工廠端只要產品做的好，貴個價差那個 100 元 200 原的事，我認為消費者已經不會去計較那些，如何做出好東西，好的改裝品讓消費者信賴，更完整的售後服務與科學數據，才是六代勁戰整體改裝發展之道，就如全新六代勁戰，運用更新的科技與技術，讓消費者感受到全新的車輛工程技術。

CHAPTER 4

六代勁戰周邊改裝品全面上市

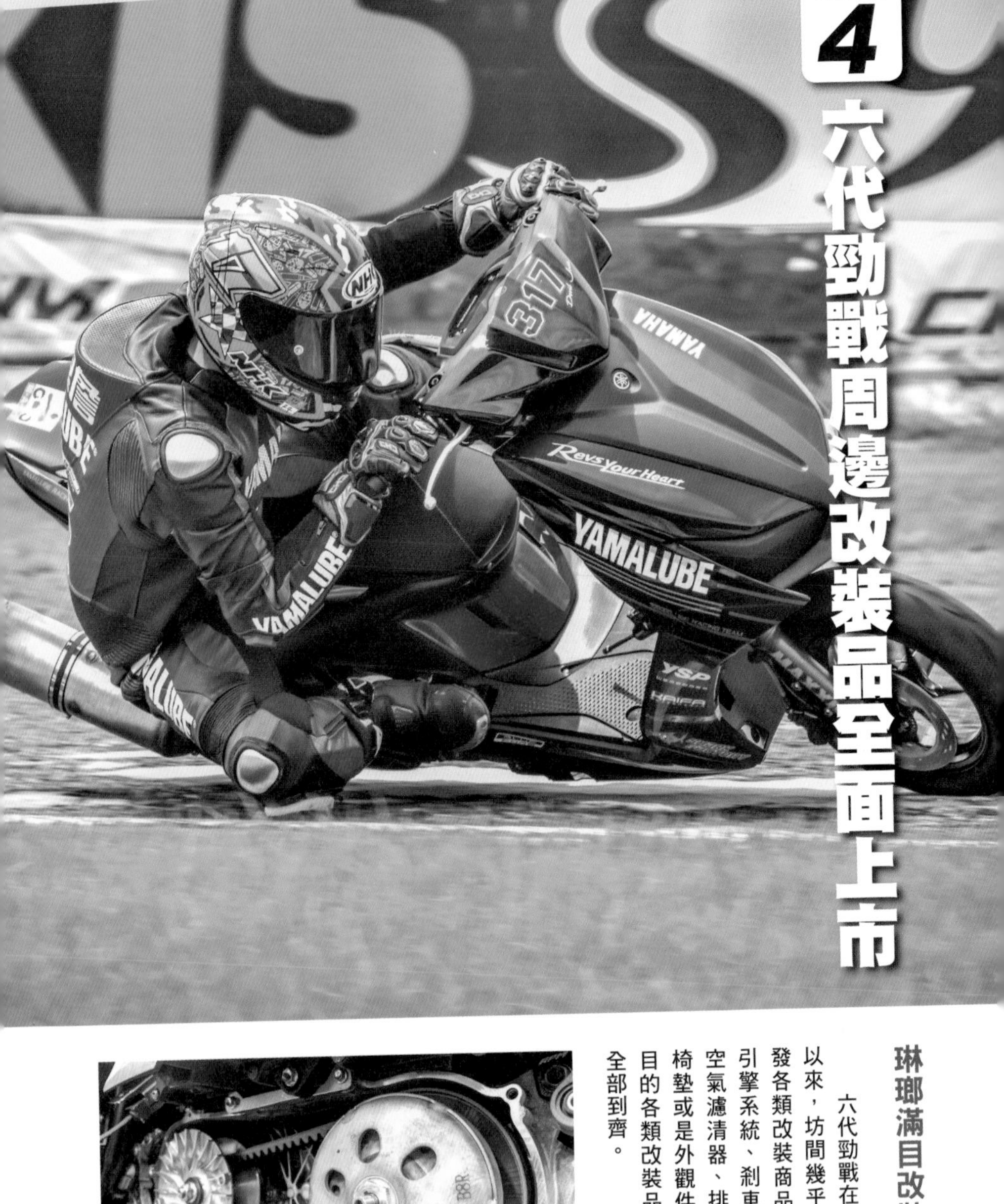

琳瑯滿目改裝品

六代勁戰在去年8月上市以來，坊間幾乎是用全速在開發各類改裝商品，凡舉懸吊、引擎系統、剎車系統、傳動、空氣濾清器、排氣管、甚至是椅墊或是外觀件等等，琳瑯滿目的各類改裝品在半年內幾乎全部到齊。

六代勁戰全原廠傳動，離合器皆為原廠出廠特性

至於好不好用或是價格貴或便宜，我相信不能夠太過於主觀評論，但若以原廠開發設計角度來看，再以改裝品角度去應用剖析，似乎比較能夠講得出端倪，這篇文章先從幾項下去說明，我們先從目前最容易上手，且價格不高的傳動系統來簡單說說，較為深入的部分則來說齒輪箱設計原因與目的。

原廠設定必須符合市場與法規幾項期待，有成本考量、耐用性與油耗

一改立即有效之傳動系統

六代勁戰傳動原廠設定必須符合市場與法規幾項期待，有成本考量、耐用性與油耗，這是很基本的也是很多車廠共同的目標，傳動系統跟以往的一至五代勁戰，可說是完全不同，許多部分組件產地也不在是台灣，而是由印尼山葉所生產，或是當地代工廠商所製成。

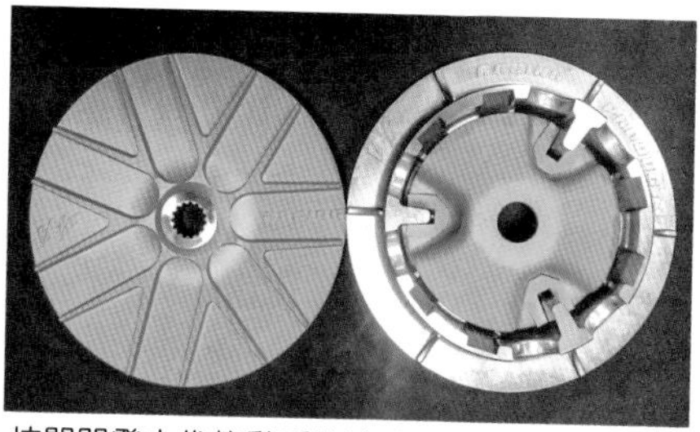

坊間開發六代傳動系統速度相當快，幾乎一上市後馬上就有

先前有討論到的BLUE CORE系統，利用離合器早接而達到額外的省油效果，傳動改裝品在離合器接合設定部分就無需如此提早，配合普利盤的盤面角度與普力珠溝槽設定，一般所謂的六代戰改裝傳動系統，都有兩項主要招式，第一是讓離合器稍微晚接合，以達到衝刺感起步較有力的感覺，第二則是提早上轉速讓VVA高角度揚程開啟，藉此達到更充沛的引擎動力，至於其他細微的設定，就看各廠家本事，或是技師去針對車主喜歡的特性去調整。

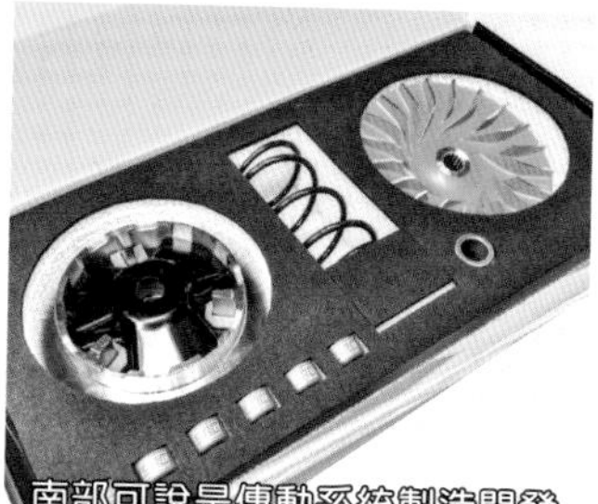

南部可說是傳動系統製造開發大本營，圖為SRC傳動組

只上傳動馬力就大1P以上

神奇的就是只改裝傳動系統，在馬力機上就直接大一匹多的馬力輸出，假設原廠在馬力機上的輪輸出大約是8匹多，換上傳動組再測就9匹多，相當神奇，照值來換算多了10%以上實在相當驚人，加上費用也不是很貴，入門改裝傳動立即有效！

改裝傳動系統後組，一般指的是離合器與碗公

六代戰從去年投入國內賽車之後，今年度戰力勢必再提升

六代勁戰只上傳動改裝品後，馬力提昇就很有感

六代改裝開閉盤也有推出，利用溝槽改變出力特性，但價格較高

原廠也不是笨蛋，能多1P馬力為何不要？剛才說過原廠有成本考量、耐用性與油耗，甚至是目前更嚴格的七期法規，對於噪音與空汙要求都更高，所以有時候不能一昧的主觀去認定對錯，各有各的考量點。

設定上業者們招式也很多，如果能細心觀察一下可以發現，有些業者甚至會改變普力盤套管長短，利用這點去改變皮帶的變速位置，傳動系統是將動力傳遞的重要零組件，耐用性、騎乘感受都相當重要，一般在只有改裝傳動系統的情況之下，只要不要使用太極端的設定，原廠六代勁戰平均油耗都還可以保持在 1 公升可騎乘 30Km 以上，不是非常耗油，耐用性普遍也相當不錯，玩家其實可以很放心。

原本前幾代勁戰齒輪箱拆卸是在傳動這一側，這回則改在輪胎側

六代新傑作 組合式齒輪箱

六代的齒輪箱設計有別以往前幾代，這次大刀闊斧地來個全新設計，原本齒輪箱拆卸是由傳動這一側，這回改在輪胎側，所以假技師要換齒輪組或修理軸承，六代會比之前的每一代都還要麻煩。

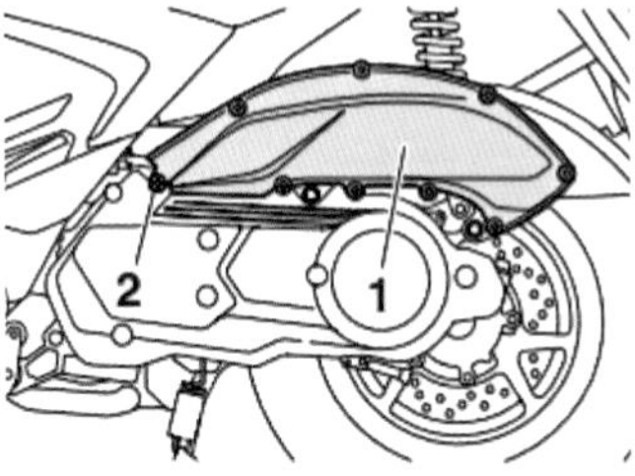

模組化有降低開發成本與方便零件通用等好處（圖為原廠維修手冊）

▼原廠離合器雖然較重但耐用性相當好，使用個 2 萬 Km 以上不是問題

為何山葉機車要去增加自己維修時的麻煩？主因是為了設計出所謂的組合式齒輪箱，組合式齒輪箱的主要目的，是可以分別對應鼓式煞模組與碟式剎車模組，這樣依照販售車型，安裝所需要對應的齒輪箱外蓋即可，此舉可以因應當地國情與車輛成本需求，算是相當聰明的一招，缺點是齒輪箱外蓋也必須要有較佳的強度，承受後輪所產生額外的扭轉力量，所以齒輪箱也不再用傳統的紙式墊片密合，六代開始改用金屬致墊片，一來可以在組合後增加強度，二來反覆拆卸也不易破損，有點像是汽缸墊片的道理。如果用汽車製成的邏輯跟道理來看，就如同豐田 TNGA（豐巢平台），模組化一體化平台概念，藉此有降低開發成本與方便零件通用等好處。

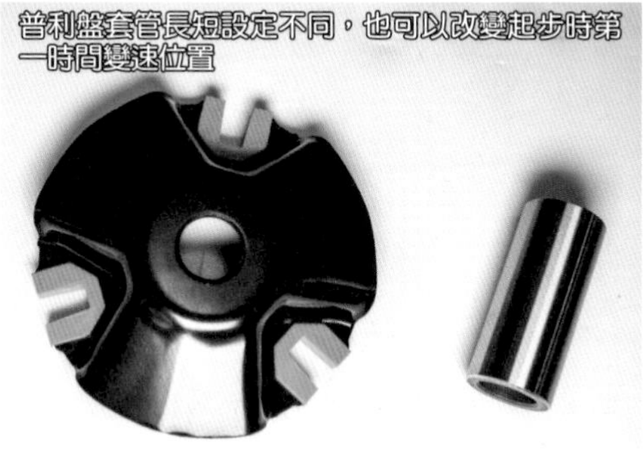
普利盤套管長短設定不同，也可以改變起步時第一時間變速位置

大彈簧軟硬也關係到加速性與尾速表現，也是很有感的改裝品

組合式齒輪箱的主要目的，是可以分別對應鼓式煞模組與碟式剎車模組

整個傳動系統軸承，有台灣製、大陸製還有印尼製組合而成

離合器重量也關係到拉轉時的表現，碗公咬合也很重要

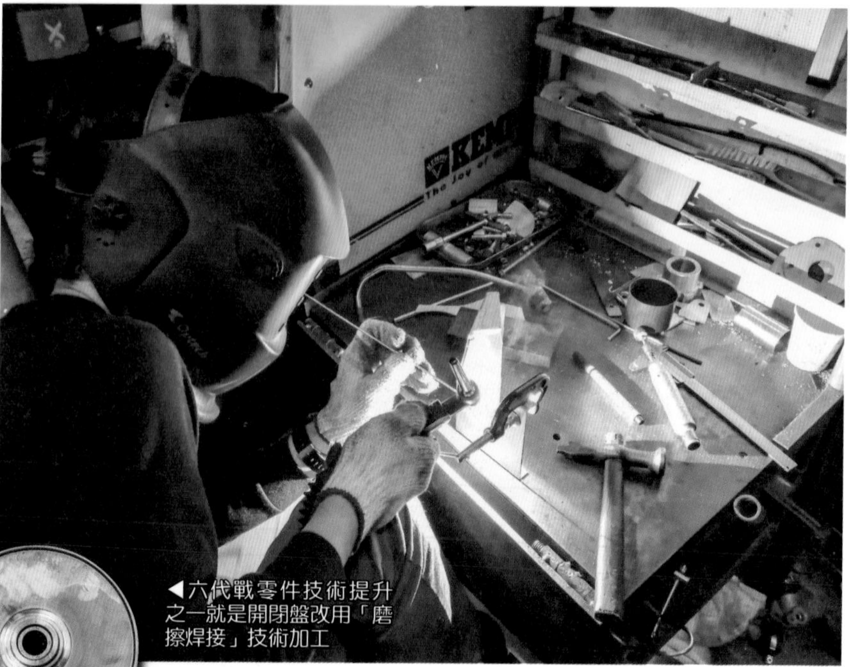

◀六代戰零件技術提升之一就是開閉盤改用「磨擦焊接」技術加工

1800RPM 大彈簧為目前坊間普遍設定，品質與疲乏速度各家皆不同

小磨擦焊接技術 導入開閉盤

前面章節討論到CVT傳動系統與新設計齒輪箱目的，再來對於很多車友或技師都忽略掉的六代技術提升零件，就是開閉盤改用「磨擦焊接」技術加工，廣泛的來說我們對於焊接大多印象都是電焊、CO2與氬焊這三大項，其實還有一項焊接技術叫做磨擦焊接，使用磨擦焊接也次是啥新鮮事，就例如汽車的渦輪葉片軸心，也都大多使用磨擦焊接技術。

磨擦焊接是將要焊接的位置不斷磨擦產生高溫溶化後接合。（取用 TWI）

磨擦焊接顧名思義，就是將兩樣金屬物要焊接的位置，接合後不斷磨擦產生高溫溶化後接合，之後再將不要多餘的位置用車床車掉，面與面的接合是接觸面積最大化的咬合，肯定比只有外圈焊接起來的強度更好，減少斷裂機會與獲得額外的輕量化，這項技術很難的在六代戰開閉盤上面發現，或許不會有實質上性能太多的提升，但導入在六代戰上面意義卻截然不同。

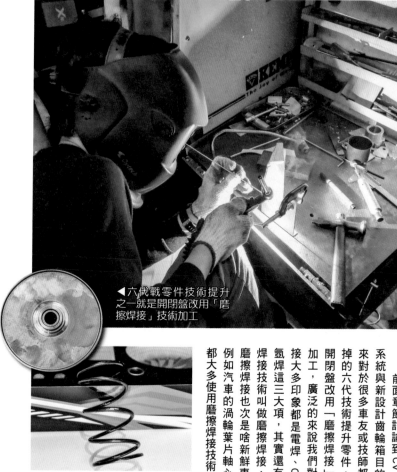

六代戰全新懸吊系統也很有趣，下一期來簡單介紹一下

反思機車工業的進步

台灣一直以來都以製造速克達機車聞名，以優異的品質與配備外銷全世界，在東南亞崛起的同時要去反思，我們的優勢在哪邊？為何剛才去提到開閉盤使用磨擦焊接技術的話題，六代戰有很多零件是從印尼山葉過來的，即使我們在看印尼的人民所的與公共建設不如台灣，但因為市場龐大的關係（年銷約 1000 萬台機車，台灣約 100 萬台），很多製造業者們願意投入資金購買最新的設備，並且應用在機車製造上。

國內對於六代改裝已經全速進行，目前已經漸漸成熟

原廠輪輸出大約是 8 匹多，換上傳動組再測就 9 匹多，相當神奇

東南亞市場許多機車不斷反銷台灣，台灣山葉機車有日本母公司支援，以及全球佈局整合市場行銷，山葉機車最大的對手始終是本田機車，兩大廠在東南亞彼此拚戰了超過 10 年，車輛性能與製造水準逐年上升，衛星廠商供應鏈組織也相當完整，台灣製造的機車廠商們也要加油，如論大家如何進步與推陳出新，相信未來受惠的都是消費者。

CHAPTER 5

懸吊系統升級

是對還是錯！？

六代戰一推出之後，原廠懸吊部分市場反應兩極，有人覺得硬得很剛好，同時也被許多人所詬病的就是前後懸吊太硬，為何如此兩極！？我們用不同市場買家觀點，以及用車輛設計角度來看這件事。

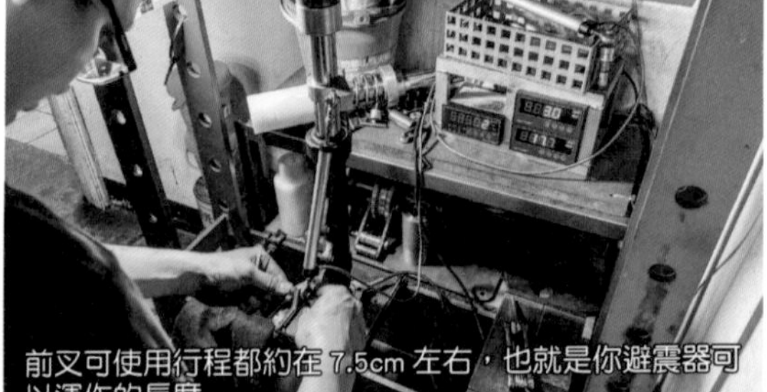
前叉可使用行程都約在 7.5cm 左右，也就是你避震器可以運作的長度

其實前後懸吊在原廠設定中的行程是沒有減少的，行程指前後可作動行程，例如從一代到六代的前叉可使用行程都約在 7.5cm 左右，也就是你避震器可以運作的長度，那為何許多消費者會覺得前叉很硬？

現在很流行將原廠前叉重新依照騎士喜好客製化設定軟硬度

原廠前懸吊阻尼棒可以藉由焊接封孔後，再重新開不同孔徑設定流速

主要在於預載不足，影響所謂預載的正是內部彈簧，用壓力計測試，六代戰前叉內彈簧磅數一口氣躍升超過30磅以上，而之前的都約在24至26磅左右，加上也加硬的後避震，所以六代在騎士坐上車時，前後避震器根本不大會下沉，一般車輛正常約會下沉 1 至 2cm 左右，作動行程約會在 5 至 6cm 左右，設定對錯這事情實在很難一次解釋清楚，這邊又要從車體來解釋。

後避震器從簡單的伸側可調，到伸壓可調的款式都有

車重與軸距

六代的總重是增加些許的，包括軸距也變長（前輪軸與後輪軸的中心點），如果你以荷重前後轉移擺動，前叉與後避震確實需要再硬一點來支撐是沒有錯的，另外或許你是比較激烈操作的騎士，例如跑跑山路，讓前後避震器作動都在預載之後，其實原廠避震器設定的操作性能是還不錯的，前後避震器也不會有觸底的問題。

圖為 DY 推出的六代專用改裝前叉，配合轉接座直上對四卡鉗

但你沒有較激烈操作時，只是在一般道路上行駛通勤，其實整個前後避震器路感是過硬的，尤其是路面碎震吸收不好，彈跳感明顯，原本應該吸震的行程緩衝作動只有一半時，車頭就稍微彈了起來，那當然如過路面品質是很好的，其實也不會有這種現象出現，這是一個設定比例原則，太軟急煞容易觸地，太硬碎震處理又不好，甚至還會有比較明顯的彈跳感，這跟前幾集中講得不對稱車架又沒直接關係，車架我們講的是剛性與彈性，現在是單純討論原廠懸吊系統設定，整體而言我認為如果是在一般路上騎，原廠設定太硬，但大家的想法如何？那就見仁見智。

量產型改裝前叉施作，比原廠分解後改裝簡單許多

改善懸吊最直接的方法

如果車友們覺得過硬，目前改善六代前叉過硬最快的方法，就是直加將內部彈簧換掉，換成24至26磅的彈簧即可，現在坊間都有在賣，材料其實不貴，貴都貴在工資上，然後拆下來是一回事，如果還要連同前叉油道重新設定或是換油，那就又更麻煩了，這是原廠品下去更改的方式，換整組改裝前叉也不是不行，但費用會更高，不過車輛整體的氣勢更具戰鬥感，許多改裝前叉目前也都可以調整軟硬，經費夠的話也可以考慮直接升級。

位於南部的茂建公司，在六代一推出沒多久改裝品就快速推出

台灣的速克達改裝避震器製造水準很高，高階款避震器相當多

後避震原廠附有幾段軟硬可調的機能，主要是改變彈簧的軟硬，與內部阻尼無關，效果也有限，最土炮的方法就是挑一邊後避震器，下方直接鑽孔把油漏掉算了，省錢又省時，呵呵！但由於太土炮了所以不建議，換上改裝避震器也是一招，目前坊間販賣的六代後避震器，從幾千到萬元以上都有，建議大家依照自己的經濟考量與使用需求下去購買，東西有時候也不是越貴越好，實用比較實在。

避震器組裝步驟

Step.1

Step.2

Step.3

Step.4

Step.5

Step.6

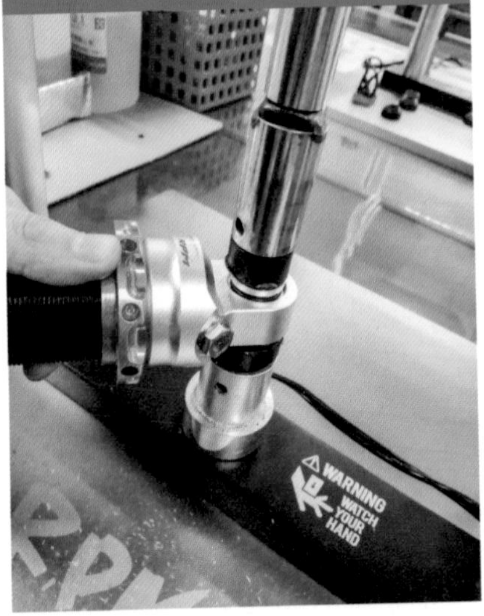

Step.7

Step.8

專訪 RPM 均輝企業李經理

在訪問 RPM 均輝企業李明璽經理後，總結出許多 KNOW HOW，李經理表示原廠六代戰的後避震總長是 310mm，也就是 31 公分長，目前公司市售改裝後避震器總長都設定在 320mm 至 330mm，比起原廠多了 1cm 至 2cm，公司目前販賣從入門的 RR 到高階的升壓測可調避震器都有。六代在開發過程中路測相當繁瑣，因為是全新的車型，原先前幾代所累積的數據幾乎都不能用，目前後避震可用行程設定在 7.5cm 左右。

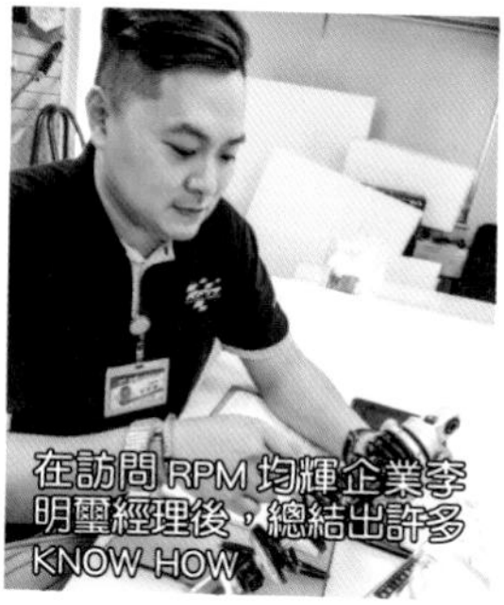
在訪問 RPM 均輝企業李明璽經理後，總結出許多 KNOW HOW

簡易的彈簧（預載）可調加上伸側阻尼可調範圍，一般道路很夠用了

開發過程中發現彈簧 BL 值設定太軟也不行，太硬也不行真的非常的麻煩，在引擎吊架上先加裝襯套是一招，最後決定搭配疏密型彈簧，利用初期的軟再轉硬的線性變化，搭配在六代勁戰上，李經理表示因為六代戰的後避震，設計比較直的問題，末段最深的位置受力突然會增加，開發初期時常遇到「軟腳」的情況，經過不斷改善，目前市售的品質與水準已經相當好，對應一般消費者或賽車選手使用都沒問題。

吊架應力問題

在概述前後避震器之後，還有一個牽扯騎乘感的，就是全新設計的下吊架系統，這系統結構上是很簡單，力學上確是小有學問，從吊架前支點來看，六代戰設計已經吃到車架最寬的位置，這代表有著最強力學支點的條件，內部再放入橡膠襯套，藉此調整車架剛性與彈性，這兩項的平衡影響到運動性能與舒適感。

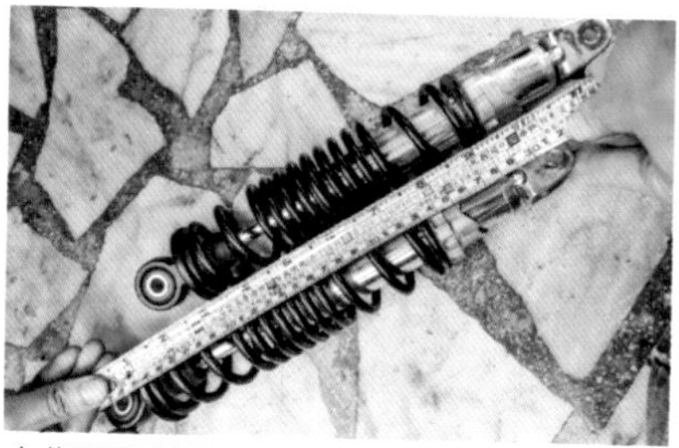
六代原廠避震器長度為 310mm，改裝避震目前都大約多長 1cm 左右

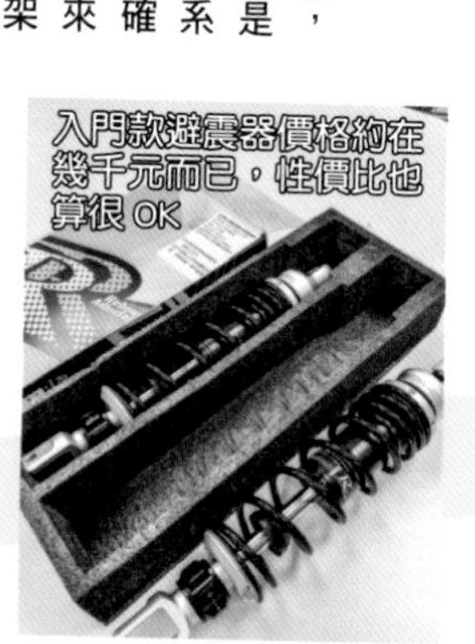
入門款避震器價格約在幾千元而已，性價比也算很 OK

山葉的設計方式是先運用到最大值再調整，也就是說先有最佳強度條件後，再調整舒適性，而不像某些車廠在初期設條件不足，之後再怎樣修改都效果有限，這部分山葉的車輛工程是很值得讚賞的。

如果來看最初期的一代車架設計，是走比較硬派風格，過彎指向性相當明確優秀，二代則是使用大型襯套來增加舒適感，過彎性能雖然沒那麼好路感比較模糊點，但單人騎乘或雙載時吸收震動條件都比較好，三代時則是相當完美的比例，到目前三代依然是許多玩家心中的最愛。

捨棄「狗骨頭」，改用新式三角力學

舊式的勁戰引擎吊架設計其實很簡單，山葉工程師利用吊架來負責車身與引擎左右晃動的問題，引擎拉桿「狗骨頭」，則負責上下的直向晃動，一個管理左右，一個管理上下，各盡其職簡單效果好。

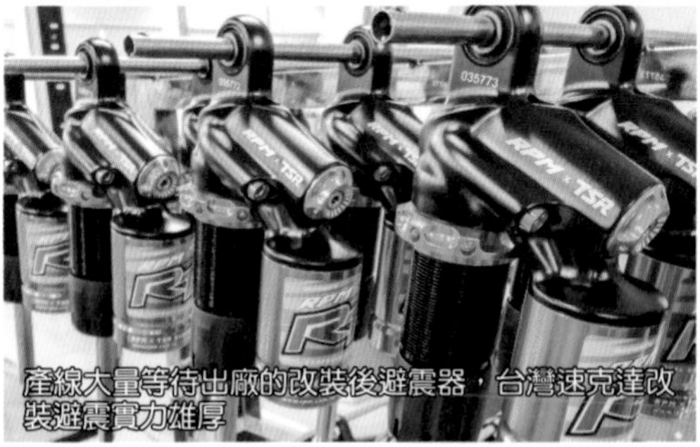

產線大量等待出廠的改裝後避震器，台灣速克達改裝避震實力雄厚

下方鎖點負責左右晃動，上方則負責上下晃動，這三個支點各盡其職

新款六代戰全新的設計，其理由在前幾期中有提到共用引擎概念，再來新式設計可比把它看成簡單的三角力學，下方鎖點部分負責左右晃動，上方則負責上下晃動，這三個支點也是各盡其職，強度更好，成本更低，保修更簡單，比起原本的狗骨頭設計更省下許多零件與施工順序，2021 年的到來不再舊酒裝新瓶，新思維車輛工程技術確實應用在六代戰身上。

CHAPTER 6

改裝品持續推出空濾與鋁合金組件

專訪 KOSO 劉副總

年輕時也是賽車出身的KOSO統亞實業劉副總，車輛工程、材料應用、全球車輛法規樣樣精通，身為統亞實業副總當之無愧，難得有榮幸採訪與拍攝廠房一窺究竟。

鋁合金剎車拉桿與洩油螺絲，都是價格價低又好入手的改裝小物品

難得採訪到統亞實業劉副總，車輛工程、材料應用、全球車輛法規樣樣精通

劉副總認為六代勁戰改裝潛力雄厚，公司目前也投入許多塑膠射出成形件的開發與製作，由於公司長期有為東南亞市場開發改裝精品，早已經累積許多經驗，但公司策略打算先以塑膠外觀件開始，目前已經推出胸蓋、空濾綿、空濾外蓋、風扇外蓋等等產品，公司全商品對於模具精準度要求很高，所以KOSO商品幾乎看不到塑膠毛邊，這對於商品本身美觀與密合度是很重要的事情，很多所謂的副廠件或是塑膠件改裝品，密合度都不完整，身為改裝精品應該要有更優於原廠的品質，塑膠粒打料比例，彈性跟脆化問題都要注意，在台灣常見的日曬退色霧化等問題，在開發設計時都要注意。

KOSO 六代勁戰前加大導氣口造型漂亮，即將量產販賣

公司所推出的六代戰專用風扇組，是經過仔細的流速與流量計算，風扇前的塑膠件有很好的集風效果，協助水箱與汽缸本體的散熱能力增加15％以上，我們也希望消費者購買KOSO時，能獲得實質性能，與感受到我們公司開發商品的用心，完整的包材與安裝說明，重要零件組裝時所需要的扭力值，包括注意事項說明等等，都是未來國內機車產業必須的前進。

油門度開度顯示也算是一項新的設計，騎士稍微瞄一下就就可以辨識

精緻改裝品持續推出

KOSO 六代勁戰 CVT 外蓋，造型更流線也接近完工

六代勁戰從去年推出之後，坊間琳瑯滿目的周邊改裝品，也如雨後春筍般的不斷推出，改裝精品如空濾、剎車拉桿、輪圈、排氣管等相當繁多，我們這期主要敘述以塑膠外觀件與部分鋁合金加工件為主，像是排氣管或輪胎等，因為製程加工方式不大一樣，我們在其他刊期時再詳述，又如電子類的改裝東西也相當複雜，這些都安排在之後再詳細介紹。

改裝品若只有介紹功能性不免無聊，所以本期也會多介紹一些製程的原理與方式，讓讀者們了解裝在車上的改裝零件是如何製作出來？除了美觀還有其功能性為何。

鋁合金加工又有分CNC車床等，要細談非常繁瑣，圖內為缸頭加工

台製車手握把套，手感不輸進口品質，價格也平易近人

CNC加工機為目前在台灣鋁合金加工最廣泛的使用機具

不簡單的空濾濾棉

改裝空氣濾清器濾棉是非常簡單的一項改裝品，看似就是一片過濾綿而已，但其中學問其實非常多，改裝前我們先來看六代戰的原廠空濾設計，其實六代戰原廠空濾的容積相當大，甚至大到已經延伸到齒輪箱上方，空濾主體夠大，對於引擎所需的瞬間進氣是有幫助的，但說實在的，這樣大的空濾主體有達山葉機車普遍傳統的設計，所以我認為共用系統的機會很大，也就是說未來一些其他級距的車輛，例如155cc的車型，都有可能使用這規格的系統，講這也有些離題，先回來六代戰。

KOSO 六代專用空濾外蓋已經正式市售，進氣軟管也可選換

另六代戰的噴射喉管尺寸也放大到 28mm 的同時，引擎所需的瞬間流量是很重要的，在滿足了瞬間流量之後，接下來就有流速的問題，所以加大吸氣面積的改裝空濾綿有可能贏了流量輸了流速，流速不足其實是會影響尾速表現的，所以有時不是吸氣面積越大就越好，能夠過濾乾淨髒空氣，保有良好的流量與流速，三者都很重要。

有色塑料件在台灣常見的日曬退色霧化等問題，在開發設計時都要注意

濾棉材質大不同

濾棉看似一樣，功能就是要把髒空氣過濾乾淨，並保持良好的吸氣條件，髒了就是清潔或更換，在車輛上屬於耗材的一種，也就是正常損耗類零件的意思，如輪胎或是剎車皮都算是車輛耗材的一種，原廠空濾是紙式的，利用規則的折角去加大過濾及吸氣面積，所以當你把彎折的紙攤開時，總面積是遠大於眼前所見到的尺寸，原廠品有一定的品質要求，對車輛的保護性是無庸置疑的。

利用波浪紋去加大吸氣面積之外，據說又有額外降低吸氣噪音的功能

改裝品為了達到更大的進氣流量或是流速，往往會犧牲掉一部分的過濾能力，進而加大進氣條件，坊間又以海棉材質、不鏽鋼絲網、紙類居多，乍看簡單的海綿空濾，其厚度與密度是影響進氣條件的關鍵，有些很透光的海綿，其實過濾髒污的功能有可能較差，使用前自己評估斟酌，是否需要使用到過度稀鬆的空濾綿，比較新型的則有出現所謂的蜂巢款式，利用波浪紋去加大吸氣面積之外，據說又有額外降低吸氣噪音的功能，不鏽鋼絲網的普遍也很稀鬆，好處是可以方便反覆清洗，上述幾個款式在六代戰目前都已經有推出，款式眾多不難選擇。

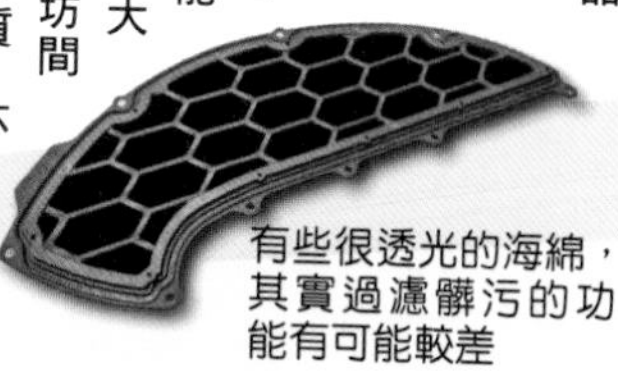

有些很透光的海綿，其實過濾髒污的功能有可能較差

KOSO 六代風扇組遠看是這樣，之後外部還有裝上原廠水箱

用分段分期的方式穿插介紹，就例如鍛造鋁框或是後擺臂也是鋁合金製造

六代鋁合金吊架已經有廠商開發販賣，市場不斷推陳出新

許多六代勁戰都已經改裝完畢，蓄勢待發準備參加今年的進標賽事

胸蓋這類產品 KOSO 已經率先推出，密合度非常完整

KOSO 所推出的六代戰專用風扇組，是經過仔細的流速與流量計算

鋁合金材料大多使用 6061 鋁材或是 7075 兩大類，都可以用 CNC 加工

戰力十足的車台補強架，控制車架變形有絕對的效果

風扇外部再安裝導氣塑膠墊，看似平凡但對流速是很有幫助的

鋁合金組件應用

鋁合金改裝品要好好介紹的話，可能要好好寫個兩期也寫不完，所以我打算用分段分期的方式穿插介紹，就例如鍛造鋁框或是後擺臂也是鋁合金製造。目前用改裝小物來看的話，鋁合金剎車拉桿與洩油螺絲，都是價格價低又好入手的改裝小物品，在家 DIY 即可完成。

卸油螺絲加綁保安鋼絲產品為賽車安規專用，但應用在道路上也無不妥

照後鏡基本上跟之前市售許多產品都可以通用，很多款式質感都相當不錯

較大型的鋁合金改裝組件有推出鋁合金下吊架組及補強架兩樣，這兩樣對於車架強度都有實質的提升，只不過原廠的車架與下吊架強度也很好，適度的彈性對於舒適性也有幫助，所以改裝下吊架組與補強架除了更硬派的操作感之外，另外多了份美感，若以賽車角度來看的話，補強架的功能性會較高，畢竟在車架中段拉出支撐，對於減緩重煞時車架的變形量一定有幫助。

鋁合金件有輕量化與不會生鏽等優點，加工鋁合金材料大多使用所謂的 6061 鋁材或是 7075 兩大類，兩者又以 7075 鋁合金材料較硬強度較佳，至於五顏六色的又叫陽極處理，著色後有美觀與抗氧化的功能，另一種叫硬陽處理（硬化陽極），可以增加硬度防刮的功能，加工又有分 CNC 車床等，要細談非常繁瑣，我們還是要以六代改裝品應用優先來敘述。

CHAPTER 7

六代水冷引擎排氣管製作大解密

先看回原廠設計

要討論六代戰改裝排氣管之前，先看回原廠設計與要求，在現在七期法規更嚴格的要求下，可以發現六代戰的排氣管塞了兩顆觸媒，觸媒轉換器屬於貴金屬的一種，含有鉑、銠等材質，主要是利用催化機制減少有害的廢氣，從去年全球貴金屬價格大漲之後，單價上便宜不下來，更何況六代戰塞了兩顆，以致原廠新品據說單價並不便宜，其他排氣管本體材料跟以往都差不多，這邊就不用多提了。

由於目前加強改裝管取締，外包防燙與降低噪音才是根本解決之道

塞了兩顆觸媒是有原因的，除了要對應嚴格的法規之外，也要對應未來全球的 OBD2 的規定，OBD 這名詞在這邊簡單說明一下，主要是監控車輛狀況的一個檢測系統，它可以回報車輛狀況，產生所謂的故障碼供技師調整與修復，在汽車上使用早就行之有年，近年來則大量導入機車上運用，目前已經到達第二型規格，所以統稱 OBD2。

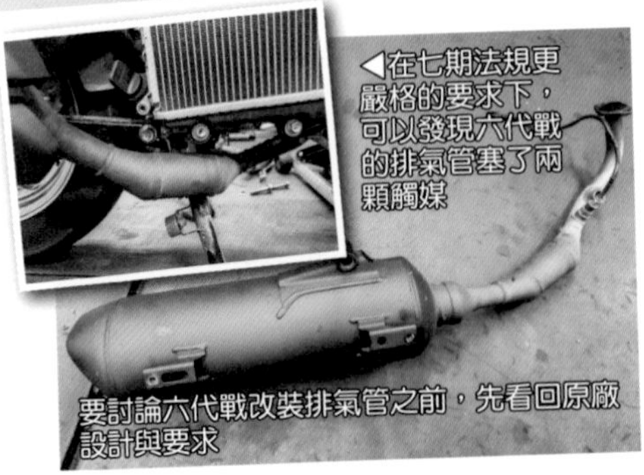
◀在七期法規更嚴格的要求下，可以發現六代戰的排氣管塞了兩顆觸媒

要討論六代戰改裝排氣管之前，先看回原廠設計與要求

改裝管桶身與原廠桶身放在一起稍做比較，尺寸與造型上還是有差異

原廠設計開發有針對六代戰的過彎傾角做設計，所以可以發現六代戰的排氣管頭段有盡量做內縮，正常通勤使用與小熱血都沒問題，但激烈操作難免還是有小觸地的可能，在大方向來看，目前全台灣的車廠，新車出廠都會重視這個過彎觸地的問題，尤其是運動型性能車取向的機型，我覺得是相當好的事情。

改裝排氣管的款式與材質加工

六代戰從去年推出之後，許多排氣管開發商都在摸索設計方向，到今年已經算是相當純熟，在材質上目前坊間還是以鐵材與白鐵材料這兩種居多，偶有鍍鈦或鈦合金版本，鈦合金以台灣的技術在加工上是沒甚麼問題，比較大的問題是鈦合金這幾年價格波動較不穩定，加上鈦材料單價高，所以較不普遍。

全客製化改裝排氣管，也是目前主流改裝排氣管方式之一

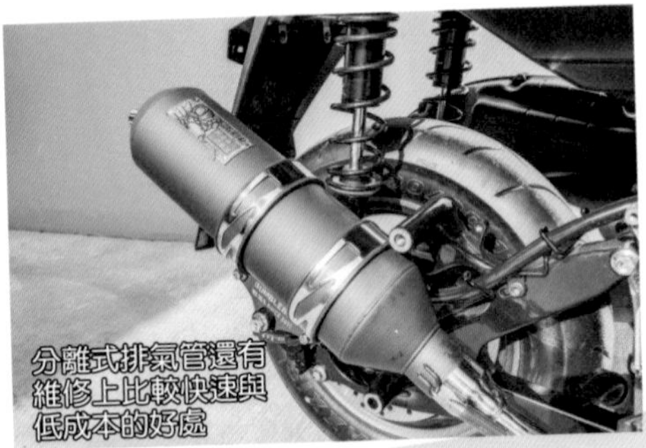
分離式排氣管還有維修上比較快速與低成本的好處

加工製成一般來說都是使用 CO2 與氬焊（阿魯夢）兩種方式，CO2 對應在鐵材焊接，氬焊則多普遍使用在白鐵材料上，鐵材的延展性較高不易斷裂單價也較便宜，缺點是撞擊較容易變形，還有使用久了可能會生鏽的問題，白鐵則是美觀不會生鏽，缺點是材質較硬有可能斷裂跟單價較高，鐵與白鐵兩者各有優缺點，端看買家喜好。

改裝排氣管形式上又以「一體式」與「分離式」兩種為主，一體式就如同原廠一樣，從頭焊接到尾成型，分離式大多是頭段排氣管與排氣桶身分開，跟很多大型重機一樣，這樣的解釋似乎很簡單，但如果從細部來看排氣管構造可以發現，一體式的排氣管與引擎鎖點的吊耳，都已經焊接妥當在上面，依序安裝即可。

六代因為排氣出口的問題，比起前幾代都往下繞的更內更低

在排氣管廠商接到訂單後，排氣管頭段會先進行「彎管」

彎管後還要焊上鎖排氣管頭段的鐵片，之後才能固定

分離式的話都是先鎖好排氣頭段之後再鎖排氣桶身，固定桶身的束環與吊耳等，也都採用分開安裝，配件較多安裝的工序也稍微繁雜點，但視覺上分離式排氣管好像比較帥！？這邊就見仁見智了，坊間用極快的速度推出，目前消費者能選用的品牌與款式已經相當充足。

改裝排氣管基本製作流程

改裝排氣管基本製作流程，小細微加工部分較難用文字贅述，大致上的加工流程在這邊用文字說明，讀者們也可以看圖說的部份，可以更容易了解。

跟前幾代比可以發現六代排氣墊片可壓縮的空間較少，安裝要小心別漏氣

從圖片中可看出排氣門打開後就直衝排氣管，距離非常的短

一般來說改裝排氣管又分量產型與訂做型，量產型排氣管會比訂做在便宜一些，畢竟訂做客製化製成上會更繁瑣，在排氣管廠商接到訂單後，排氣管頭段會先進行「彎管」，將客戶所需的排氣管尺寸，彎出所需的角度與裁切到所需的長度，之後在「製具」上焊接起來，這樣之後才會跟車輛螺絲鎖點吻合。

之後進行桶身製作，與桶身前後蓋加工，中間內部又有「網管」，網管顧名思義是由網狀管子成形，主要目的是讓排放廢氣能進入吸音棉消音後再排放出去，最後再全部焊接成型，那當然不管是任何位置，包括頭段、網管、桶身、尾出口，所有的尺寸都可以設定與調整，至於如何將性能做到最好？以及盡量達到客戶所需與符合低噪音的要求，這部分考驗著每家排氣管製造商的功力。

六代勁戰今年開始積極導入賽事，改裝排氣管一併大量誕生

桶身內的網管或是有其他消音設計都須慢慢組合完成，也不簡單

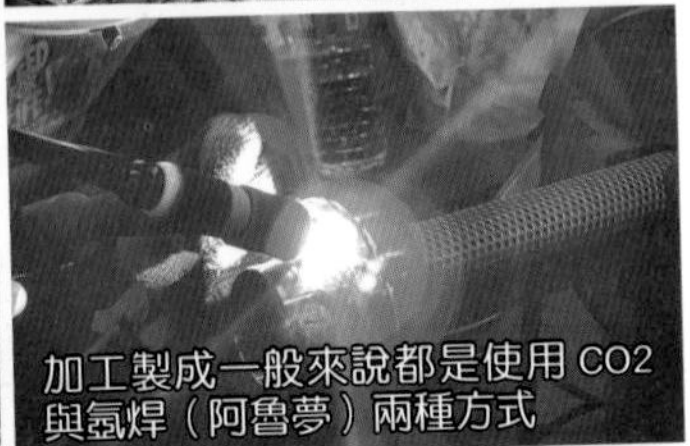
加工製成一般來說都是使用 CO2 與氬焊（阿魯夢）兩種方式

白鐵鍍鈦後再上色或全鈦排氣管目前坊間也都已經開始販賣

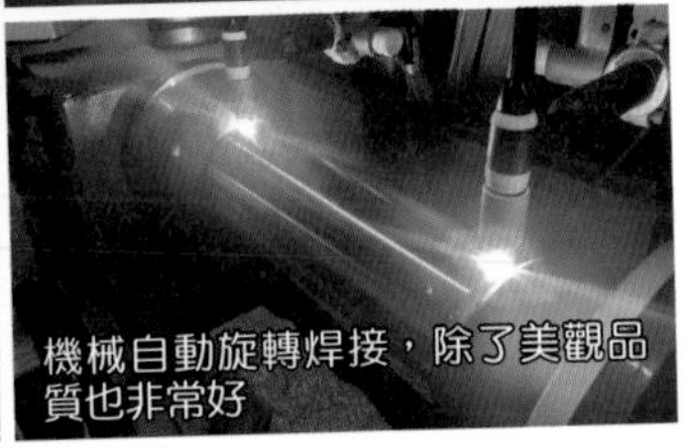
機械自動旋轉焊接，除了美觀品質也非常好

專訪黃蜂排氣管黃老闆

專訪到目前國內知名改裝排氣管品牌黃蜂管黃老闆，在針對六代戰改裝排氣管部分，提問了許多問題之後黃老闆回答如下，首先黃老闆認為六代戰，在與前幾代的製程上沒有太大的差異，所謂的下繞式排氣管他認為馬力上表現會比較好一點，製程上也朝向所謂的合格管前進，也就是環保署所推出的合格管認證，目前已經通過檢查，分離式的也計畫要持續送驗，無奈這波疫情來的又急又快，目前暫時擱著，之後會持續進行送驗完成的部分。

彎出所需的角度與裁切到所需的長度，之後在「製具」上焊接起來

很多車友針對六代戰都會對於水冷加 VVA 引擎，在懷疑是否需要很大的設定修改，其實經過在馬力機上的測試，是沒有太多影響的。反而比較有影響的是電腦設定的部分，所以目前的做法大多是聽店家的意見，端看客戶的需求與方向，搭配引擎排氣量與電腦去打造出排氣管，盡可能把引擎效率做好。

TSR 統規車今年全部採用分離式排氣管，前段白鐵後段黑鐵的設定

圖為前後蓋與網管的焊接，小細節都要處理好，關係到品質

排氣管中間內部又有「網管」，網管顧名思義是由網狀管子成形

網管主要目的是讓排放廢氣能進入吸音棉消音後再排放出去

圖為排氣管桶身後蓋的加工，這邊需用車床加工到平整面

量產型排氣管會比訂做在便宜一些，畢竟客製化製成上會更繁瑣

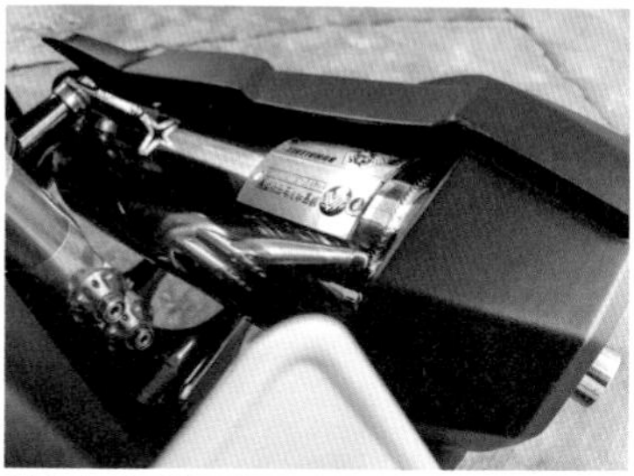

黃蜂朝向所謂的合格管前進，也就是環保署所推出的合格管認證

高性能、符合法規、低噪音與低空汙，應是改裝排氣管業者們的目標

黃老闆的其他看法

目前頭段材料皆為白鐵材質，可耐高溫可防鏽，是現階段最佳選擇的材料，而桶身則有白鐵與黑鐵兩種款式，不過大多都還是以白鐵材料為主，至於頭段管徑大致上分成三種，共分為內徑 26.29.32mm 這三種尺寸，而管材厚度為 1.5mm，所以也有很多人講外徑規格 29.32.35 這三種，主要是依照排氣量的不同去挑選頭段尺寸。

上一段有講到一體式排氣管，那分離式排氣管其實也很好，但因為少了隔板，效率跟噪音又要用比較不同的方式去控制，主因是束環本身膠條耐溫的問題，如果把隔板做在中後段，排氣一次澎脹與溫度集中的問題較難搭得比較好，膠環有可能因為高溫而融化，這邊是目前較難克服的問題。

無論如何目前製作都在水準上，VVA 作動時間我們也都有算入，目前針對六代戰最大效率都約設定在 9000RPM 至 9500RPM 間，並將馬力與扭力帶盡量做寬，消費者如果跟前幾代氣冷勁戰相比的話，馬力尖峰比較不會像氣冷引擎一樣都容易破萬，所以其實六代戰在獲得動力的同時也能更省油，機車產業進步，未來如何在性能與空汙要求下都必須持續努力，這是企業價值與社會責任。

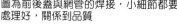

CHAPTER 8

六代戰全新電裝工程技術

DENSO 系統

六代戰採用的是日本 DENSO 電腦系統，有人稱日本總公司為「電裝」公司，台灣也有電綜公司，都是同一個體系的日商公司，該公司所生產的汽機車電子商品範圍非常的寬廣，很多豐田汽車也都使用 DENSO 的產品，部分歐系車也有使用，總之 DENSO 產品的品質與信賴度上非常的高，妥善率非常的好，號稱世界前 500 強的電子產品公司。

六代勁戰全部搭載 DENSO 的電腦系統，有別以往這顆電腦特別大顆

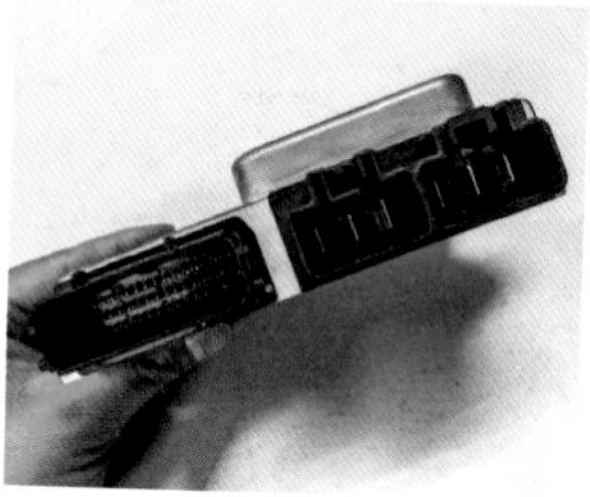

電腦的接頭製作上也同時提高，流通電壓安培數也不同

講了DENSO這樣多的好話，主因是這次六代勁戰全部搭載DENSO的電腦系統，有別以往這顆電腦特別大顆，因為必須對應車輛性能的範圍更寬廣，大家如果有注意到以往的噴射機車或化油器機車，從所謂的CDI、ECU一路進化，六代勁戰已經看不到整流器，整流器的主要功能之一，就是把車輛發電供應完車輛之後，多餘的發電消化掉，在六代勁戰車上，新式的DENSO電腦已經將其整合在一起，也因此看不到整流器這項產品，導入全新的電子工程技術。

超大原廠電腦的理由

前一段講解內建整流器的原因，以致電腦長大很多，另外因為必須支援SMG系統，也就是無啟動馬達裝置，是由電盤線圈去驅動引擎發動，又因為如此，不知各位讀者有無發現幾件小事情，第一是改用鋁製外殼，第二是放到車輛尾部。

DENSO產品的品質與信賴度上非常的高，妥善率非常的好

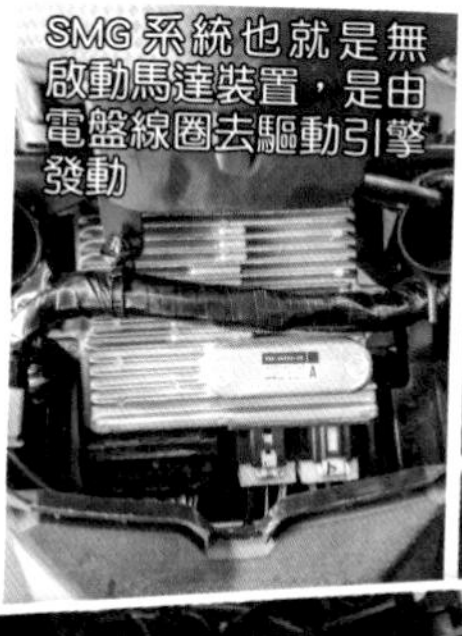

SMG系統也就是無啟動馬達裝置，是由電盤線圈去驅動引擎發動

舊式的氣冷勁戰風扇處外觀，沿用超過15年以上的設計

SMG啟動瞬間收放電壓都會產生溫度，所以必須要可以散熱

▲SMG啟動系統其實早在西元2000年左右就開始導入在市售車上

會這樣的改變是因為現行的六代電腦會發熱，就是因為變壓功能跟SMG啟動問題，瞬間收放電壓都會產生溫度，所以必須要可以散熱，改成鋁製外殼與放置到後方的目的，說穿了都是為了散熱，印象中SMG啟動系統其實早在西元2000年左右，本田市售的FORZA 250就有搭載，在當時我剛好前往日本東京測試新車，第一次接觸到這樣的系統與所謂的怠速熄火裝置，在那時特別的新奇，隨著環保法規等因素，現在已經廣泛的使用在各類機車上，而現在六代勁戰上超大原廠電腦的理由，就是整合更多功能，而且必需要能散熱。

改裝電腦的整體效益

目前大家時下最流行使用的就是使用 aRacer 艾銳斯電腦

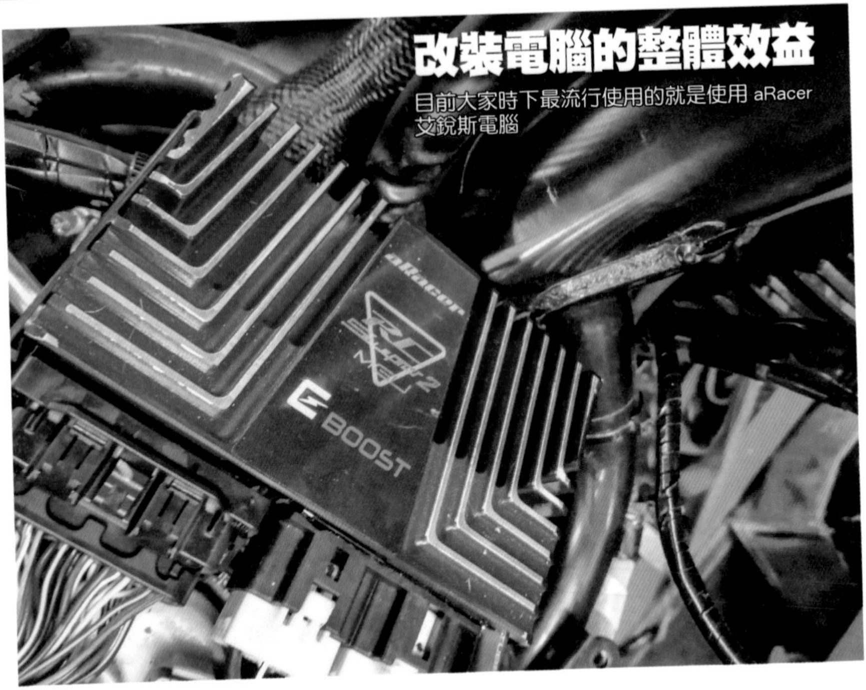
aRacer
BOOST

為何改裝電腦

在簡述新型原廠電腦的功能與目的之後，我們就要開始討論改裝電腦，不可避諱的事實，目前大家時下最流行使用的就是 aRacer 艾銳斯電腦，所以我們從 aRacer 艾銳斯電腦開始，進行為何改裝電腦的說明，這邊沒有圖利任何廠商廣告的目的，就對六代勁戰這台車輛，所需的調整強化功能下去解說。

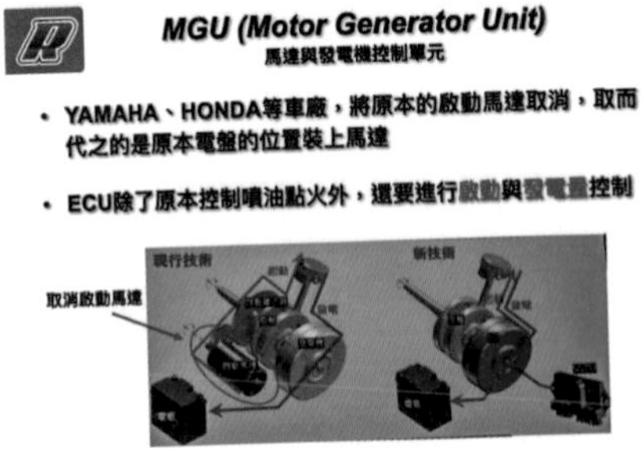
MGU (Motor Generator Unit)
馬達與發電機控制單元
• YAMAHA、HONDA等車廠，將原本的啟動馬達取消，取而代之的是原本電盤的位置裝上馬達
• ECU除了原本控制噴油點火外，還要進行啟動與發電量控制
現行技術
新技術
取消啟動馬達

BOOST 促進強化系統等等再來說明，因為那又關係到電池等問題，我們先從電腦設定開始說，首先對應到改裝店家設定問題，VVA 原廠開啟作動時間大約會在 5800RPM 左右，也就是凸輪軸從低揚程變高陽程的時機，如果我們用全原廠來看的話，時機是差不多的。

但以加大排量的車來看，或是凸輪軸更換過的，5800 RPM 這時機接合會顯得太早，所以更換改裝電腦的最大優點，就是可以決定 VVA 作動時機，可以延遲到 7000RPM 再作動，甚至更高，改裝電腦最好又能同時跟凸輪軸與 CVT 傳動作搭配，三者同時搭配下，就算是原廠 125cc 排氣量，都能有機會提升至少 2 匹以上的馬力，這是不加大排氣量又非常有感的改裝方式，從去年到現在的施作經驗來看，妥善率也非常好。

Boost 系統不用講得太過神話，應該是解釋為「促進」動力效能

更換改裝電腦的最大優點，就是可以決定 VVA 作動時機

謎樣的 Boost 系統

我認為很多人都把艾銳斯 Boost 系統講得太過神話，Boost 在英文照翻譯的解釋法是「促進」，我也不知道大家為何把它解釋成增壓系統？但 Boost 系統確實又有其功效，期作動原理就是把 SMG 系統當成高速驅動車輛的系統，讓 SMG 除了發動車輛之外，中高速也能瞬間再驅動車輛，其驅動力量並不小，又很有感讓人趨之若鶩，改裝車輛跳躍式的前進，前年在泰國山葉也推出輕油電機車，也是強化 SMG 系統的概念，時代科技的進步，對於環保也有貢獻。

舊式勁戰原廠電盤內側照片，雖然老款但妥善率也很高

▲舊式氣冷勁戰原廠電盤外側照片，連接曲軸處已經稍微有鏽斑

艾銳斯 Boost 系統聽起來很玄但其實很簡單，你讓電盤有額外的驅動力去推動車輛，車子自然變快，又有點像是油電混合車同時驅動的概念，差別在 Boost 系統需要很大的收放電量，也因此無法持之以恆，持續要用 Boost 系統強力推動車輛，除非你要有一個很大顆的高效電池，不然是沒辦法的，以現行勁戰六代電池規格來看是這樣的，但你為了 Boost 功能叫消費者裝一個超大電池在車上，邏輯上也行不通，費用也不會便宜，Boost 功能瞬間收放安培數是很大的。TSR 錦標賽目前針對賽規也明定電池可更換，但不可另外再加大或併聯電池，也是避免掉這樣的競爭，以及利於市場正常發展。

賣電池是良心事業

這段標題這樣打，是有其理由的，國內目前所謂的改裝電池，管他是鋰鐵電池、膠體、鉛酸等電池。老實說經過我的仔細調查，商檢局並沒有很仔細的規範與要求，商檢局是有收放電計測等方式，包括外殼要耐燃等要求，但問題是很多業者都自己組一組就拿出來賣，上面標的內容到底一不一樣，誰會知道，呵呵。

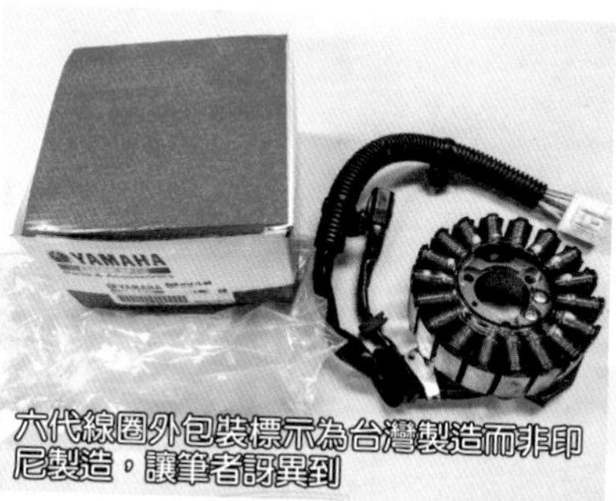

六代線圈外包裝標示為台灣製造而非印尼製造，讓筆者訝異到

仔細看可以發現使用很多耐溫材料，防磨耐溫的纖維保護套也有使用

新款線圈價格高出許多，線材用料等也格外講究

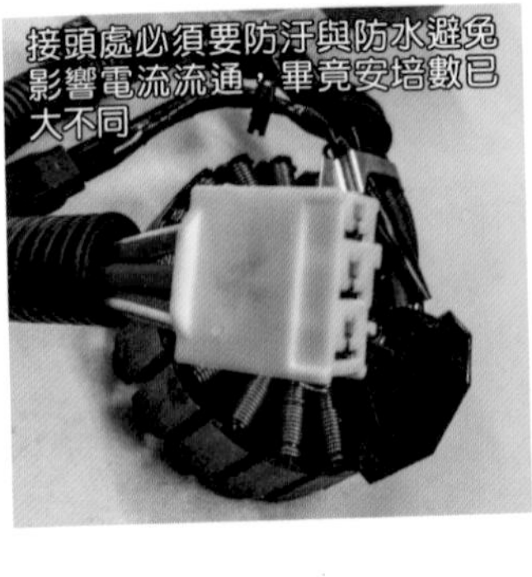

接頭處必須要防汙與防水避免影響電流流通，畢竟安培數已大不同

所以我說電池這是良心事業，就像早期國內手機用行動電源一樣，亂標示的一堆，這幾年國內賣電池的廠商又特別多，大家要睜大眼睛選用，如果都不知道的情況下，老實說我建議使用原廠規格的鉛酸就好了，即使效能沒有特別好，但至少萬一被 Boost 系統搞到壞掉，也是便宜更換新品，總比花很多錢買到爛東西好。當然這邊也不是一竿子打翻所有的電池業者們，精挑細選下還是可以挑到實在的好電池，並讓 Boost 功能更上一層樓。

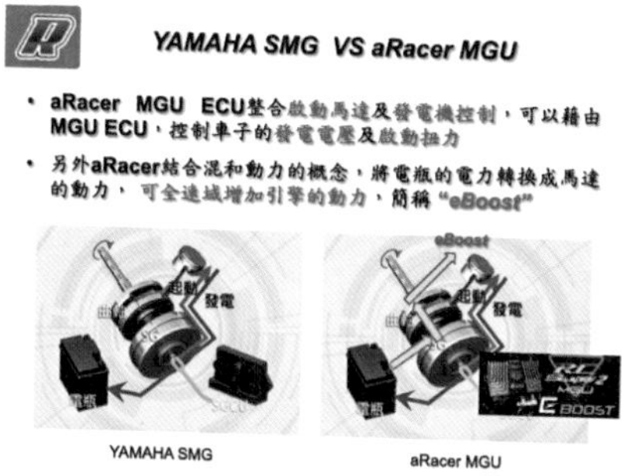

YAMAHA SMG VS aRacer MGU
• aRacer MGU ECU整合啟動馬達及發電機控制，可以藉由MGU ECU，控制車子的發電電壓及啟動扭力
• 另外aRacer結合混和動力的概念，將電瓶的電力轉換成馬達的動力，可全速域增加引擎的動力，簡稱 "eBoost"
eBoost
YAMAHA SMG
aRacer MGU

改裝電腦最好又能同時跟凸輪軸與 CVT 傳動作搭配，效果更好

POWER SPARK 的高壓線圈，這組高壓線圈又能跟電腦整合

▲另外還有 SPORTS D 模組，可以監控引擎狀況與用手機設定車輛

其他電裝周邊

這邊不是幫艾銳斯強打廣告，但確實他們家推出的電裝品又非常多，針對六代專用的還有 POWER SPARK 的高壓線圈，這組高壓線圈又能跟電腦整合，除了放電能量家大之外，額外還可以從電腦控制，具有斷電防盜的功能，價格也不貴大約在 3000 左右。

◀改裝電腦的 Boost 系統輸出要好，對於電池品質要求自然更高

另外還有 SPORTS D 模組，可以監控引擎狀況與用手機設定車輛，令人擔憂的干擾影響問題也不存在，也算是妥善率很好的產品之一，其他零零總總還很多，這邊就不再贅述，不過筆者我比較期待的產品是強化高效的 SMG 系統專用電盤，就是假若可以更輕量，能驅動的磁力更強，屆時六代的 Boost 功能肯定真的會變增壓系統，呵呵！

1904
12.3

干擾影響問題也不存在，也算是六代戰妥善率很好的電裝產品之一

CHAPTER 9

六代勁戰煞車開發與簡述改裝應用

六代戰剎車系統其實變更複雜

山葉勁戰從一代到五代，其實很簡單，就是前煞跟後煞，只要比例搭配得宜，沒啥太大的問題，中間只有三代轉四代時導入後碟煞系統，五代末期開始導入 ABS 系統，導入 UBS 同步剎車與 ABS 系統，這是政府近期的新法規要求。

在新的七期法規上，車輛開發上出現新的課題，這不只是山葉車廠而已，是全台灣車廠都要面對的事項，所以開發複雜程度比起以往更加麻煩，以山葉車測標準而言，UBS 剎車手感設定與 ABS 作動要求更複雜。

山葉車測標準而言，UBS 剎車手感設定與 ABS 作動要求更複雜

升級最便宜快速的可以先從剎車皮開始，再來才是碟盤

複雜的點在於連動時前後剎車力量比例，設定UBS山葉使用的做法是用鋼索式，隱藏在面板內有組連動裝置，山葉機車車輛開發對於所謂的剎車手感評量基準式是一貫的，就是要符合大家的使用習慣，但又必須滿足政府法令達到法規要的比例，還有外銷機型的歐盟法規，老實說是件很複雜的事，以至一推出時很多騎士都抱怨許多，老實說一開始連我都不習慣，需要使用一陣子之後才能熟悉自己所需要的前後剎車力量比例。

像我這種老騎士真的是很不習慣使用UBS連動剎車，從小到老都習慣前煞就是前煞，後煞就是後煞，但說實在的不論是UBS或是ABS系統，我認為對於目前普遍85％的騎士而言是提高安全性的，另外對於再老練的騎士而言，對於某些突發狀況時，ABS也會有一定的能力輔助，這項法規安全要求，也大大的提高新車售價，至於你說是對還是不對！？如果真的可以讓更多沒受過安全剎車訓的騎士們煞停下來，減少傷亡，安全才是無價的。

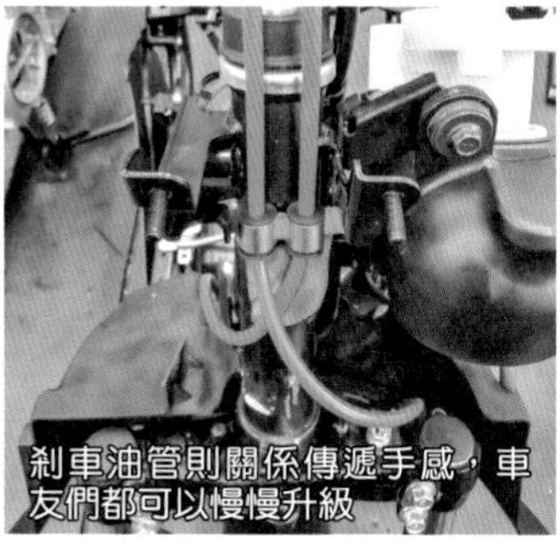
剎車油管則關係傳遞手感，車友們都可以慢慢升級

勁戰六代搭配的是日本製的ABS剎車系統，導入時期湊巧遇到日幣漲價

山葉ABS系統迷思

勁戰六代搭配的是日本製的ABS剎車系統，導入時期湊巧遇到日幣漲價，現在日幣跌回去但近期又遇到原物料大漲與貨運成本大漲，說真的近期內勁戰六代要壓低ABS系統成本，根本已經是沒辦法的事，提到這部分不是要幫山葉講話，是大家都在嫌ABS貴，其實是有些原因的。

許多勁戰六代玩家會遇到的問題，就是在改裝過「各類東西」之後，會不會影響ABS的相關作動？什麼叫各類東西？就諸如剎車主缸、卡鉗、油管等所有非原廠品的東西，影響程度有的微乎其微，有的是會影響到作動頻率，這是來自機械設計與設定上的事實，你變更太多東西，電腦或機械也沒有聰明到有辦法全方位隨時對應調整。所以也有些玩家直接廢掉ABS剎車系統，但這點我是覺得很奇怪啊，如果要這樣就買UBS再去弄就好了，至少也比較省錢，不然邏輯上實在有點說不過去。

剎車盤孔形狀設計相當多，選用的盤面材質也相當複雜

NCY 目前對應六代戰剎車系統的產品，在國內算是相當齊全

◀輻射式卡鉗看似更具戰鬥力，內部活塞大多為同徑與款

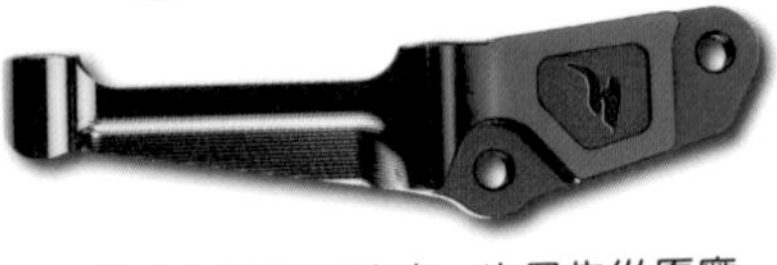
▲輻射式卡鉗的轉接座，也是先從原廠卡鉗鎖孔下去延伸

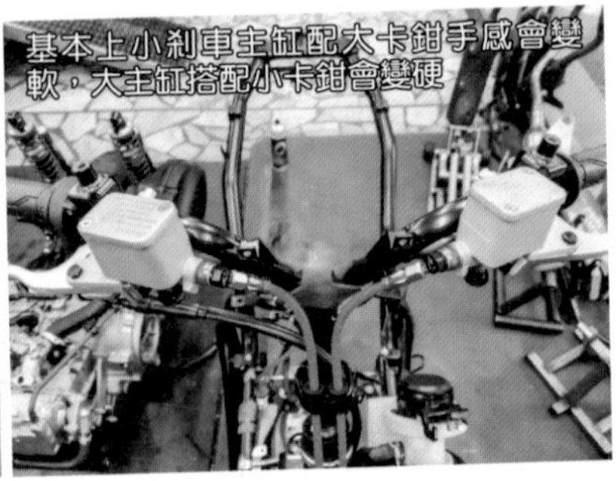
基本上小剎車主缸配大卡鉗手感會變軟，大主缸搭配小卡鉗會變硬

輻射式卡鉗其實在轉接座上還是橫向偏擺力，不是真的直向應力

改裝之後變如何

大家比較關心的應該是原廠車改裝剎車之後，車子的剎車系統會怎樣，如果你是UBS同步剎車系統，獨自升級前後，就是依照剎車力量比例升級前後，系統上純機械式比較沒問題，也有人在連動鋼索那裝個頂桿，去取消所謂的連動剎車系統，此方式改裝確實會獨立出前後剎車手感，但卻會讓後煞變更強，前煞變很弱，所以這邊要注意一下，當然也有人全廢掉原廠後完全獨立出前後剎車，這樣改裝設定又是另一回事了。

ABS車型在經過改裝變動之後，變更銳利是改裝目標，目前這樣改裝也都沒有甚麼問題，但在某些情況之下其實是有可能會跳故障碼出來，如果到達電腦認定你剎車系統是故障時，這時ABS系統會將作動活塞關閉，此時剎車就沒有ABS作動功能，在被認定故障的安全機制之下，前後剎車會保持正常運作，只差沒有ABS作動以及會一直跳出故障燈，車輛是可以繼續行駛的，車輛其他功能都不會去影響干涉，這是故障時安全機制的一種。

剎車卡鉗品牌眾多，學問更多，每個消費者的需求性也不同

剎車改裝百百種

先跳開 UBS 與 ABS 系統，剎車改裝不外乎基本幾大項，例如剎車主缸、油管、卡鉗、剎車皮、碟盤這幾大項，目前坊間比較常見的還是都以先升級碟盤與卡鉗為主，卡鉗部分就以最通用流行四活塞對向卡鉗為主，也就是俗稱的對四卡鉗，另外像是國內知名品牌 Frando 則又大多以輻射式卡鉗販賣為主，大家在風格上又有些不同，國內的剎車系統近年來品質進步的非常好，消費者除了可以放心選購之外，也可以端看自己喜愛的風格購買。

有人全廢掉原廠後完全獨立出前後剎車，這樣改裝設定又是另一回事了

主缸部分推力磅數關係到使用手感，要細數各種不同搭配所帶來的細微感覺，那是沒辦法的，但基本上的邏輯是小主缸配大卡鉗手感會變軟，大主缸搭配小卡鉗會變硬，這邊消費者要自己斟酌一下。

正常來說建議想盤升級剎車的朋友可以分幾個步驟，最便宜快速的可以先從剎車皮開始，再來才是碟盤，這兩項下去基本上剎車力量都能夠提升個15%左右，還不夠使用的話才是剎車卡鉗與剎車油管，當卡鉗一上下去之後，剎車力量會大增，跟原廠相比足足可以提高40%左右甚至以上，改裝完畢之後騎士也要花些時間習慣適應，油管則關係傳遞手感，車友們都可以慢慢升級，最後才是剎車主缸，剎車主缸一樣品牌眾多價格落差很大，慎選自己所喜愛搭配得宜的商品，使用手感能清楚精準控制，裁示升級要點。

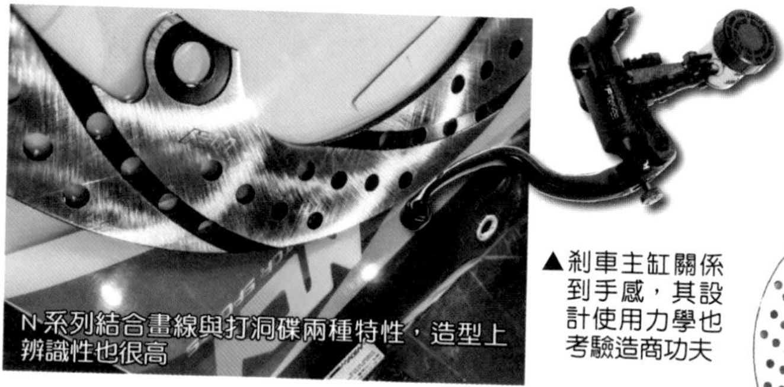
N 系列結合畫線與打洞碟兩種特性，造型上辨識性也很高

▲剎車主缸關係到手感，其設計使用力學也考驗造商功夫

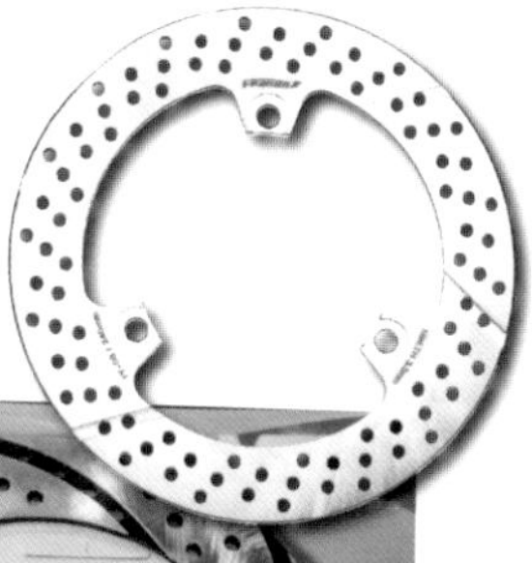
▼國內知名剎車品牌 Frando，後碟設計簡單有型，品質良好

碟盤尺寸主流改裝

目前六代勁戰原廠碟盤前煞部分直徑為 245mm 規格，後剎車原廠為 230mm 尺寸，升級換浮動碟或材質更好的碟盤，坊間目前所販賣的規格主要共有 245mm、260mm 兩種規格，後碟原廠為 230mm 規格，改裝品都為 230mm、240mm、245mm 這三種規格，當然碟盤也不是越大就越好，越小就越不利，這邊也是要看使用者需求。

NCY 公司推出的 N 系列剎車盤，近期國內市場反應評價很高

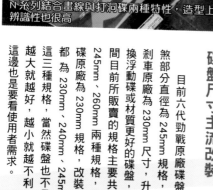

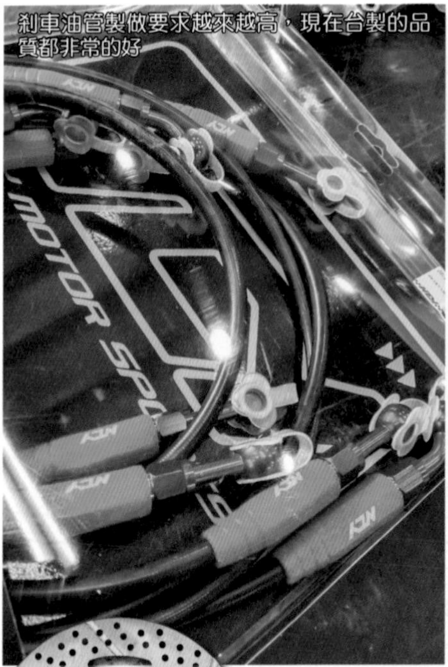
剎車油管製做要求越來越高，現在台製的品質都非常的好

NCY製的前對四卡鉗，在造型上的辨識性也相當高

NCY所推出的改裝剎車皮，一般來說分成道路與賽車用兩大類

▲換浮動碟或材質更好的碟盤，規格主要共有245mm、260mm兩種規格

今年的TSR勁戰六代統規賽，統一使用NCY製前剎車盤

後煞系統NCY也沒放過，整套完整的剎車系統也相當齊全

剎車皮部分也是琳瑯滿目，以NCY所推出的改裝剎車皮來簡述，一般來說分成兩大類，一款是比較使用在每日通勤偶爾跑山小熱血的複合材料剎車皮，價格比較親民，耐用性高剎車時也比較不會有異音，另一款陶瓷金屬複合材，則使用在比較熱血激烈操作的玩家身上，然而剎車皮品牌眾多，學問更多，每個消費者的需求性也不同，本次剎車介紹的篇幅有限，就講到這為止，最後車要跑得快，車子一定要煞的下來，安全才是第一，車友們也要會操作，不然買再好的剎車也都是徒勞無功。

ABS專用的電鍍光感外盤，閃亮色系令人眼睛為之一亮

CHAPTER 10

一窺六代統規車設定秘辛

疫情打亂統規賽開賽節奏

今年 TSR 錦標賽開幕站熱鬧非凡，沒料到 5 月開始全台灣受疫情之擾，所有生活步調與活動大受影響，TSR 錦標賽也因此不斷延賽到 8 月中，在符合 CDC 的指揮之下，山葉六代統規賽終於 8 月中開賽，雖然少了觀眾與廠商，期待已久的山葉六代統規賽終於算是可以順利舉行。

2 月左右開始統籌，4 月開始製作六代戰統規賽車

然而這批山葉六代統規車其實早在三月份中期就開始施作，由山葉機車、KOSO統亞實業、NCY、WF部品、RPM、MAXXIS輪胎與黃蜂排氣管共同贊助，車輛所有部品統一規格，自然名為「統規賽」，統規賽在目前全球相當盛行，主因是車輛性能都一樣，比賽選手拚的是騎車技術，公平性相當高，以往會藉由統規賽選出選手國比賽，目前又卡在疫情遲遲無法與其他國家賽事接軌，實在有點可惜，TSR舉辦統規賽的經驗來看，其實早在2015年開始萌芽，對於其他國家選手來台交流，也是非常重要的一個指標性組別，以TSR賽會立場而言，絕對也是計劃中大力推動的比賽。

除了施作時已經特別嚴謹，包括上螺絲膠與使用扭力板手等要求

有別以往的12星座或12生肖，今年以台灣12縣市為主題

先於工廠倉庫製作完後再運送到賽車場，原廠件與備料都需準備

12台車都先於賽車場測試完畢後再交給選手，主辦人很辛苦的…

ARTC測試與命名

今年度的統規賽更不一樣，除了施作時已經特別嚴謹，包括上螺絲膠與使用扭力板手等要求，TSR在車輛組裝完成後更特地前往ARTC車測中心於不良路面測試，這次的測試是宣示沒有隨便製作之外，同時也幫裝置於車輛上的所有產品一同測試。

不論是KOSO的塑膠件是否有鬆動的問題，WF傳動的穩定性，後避震是否會過熱卡死或漏油，NCY前框的強度與煞車衰退性，黃蜂排氣管的品質與噪音，我們非常嚴謹的去做好所有的環節，把這充滿期待與夢想的全新統規車製作出來，全部製表紀錄車況，把所有車輛整備到最好，讓選手們盡情發揮騎乘技術。

全新山葉六代統規車今年也別出心裁，有別以往的12星座或12生肖，今年以台灣12縣市為主題，貼上台灣的國旗，期待疫情結束之後，能廣邀世界各國的選手們來台交流，體驗台灣賽車運動的魅力之外，也讓台灣製的機車精品帶向國際。

直線排開12台全部到位，每台都經過完整的性能測試確認

▲剛安裝完畢的六代勁戰統規賽車，尚未進行場地最終測試

將車輛穩定性達到最高

12台車彩貼是全部自行設計與施作，沒有再發包委外施工

原廠引擎　傳動調整

統規賽所要求的公平性非常高，引擎全原廠是全球慣例，這部分不是擔心壞掉而不敢改裝，而是將車輛穩定性盡量達到最高，電腦部分在TSR長年來是都沒安裝，這部分的理由是怕寫入程式有影響公平之嫌，畢竟上了電腦之後有調整的問題，加上現在的改裝電腦設定非常細微，空燃比只要稍微不對，車輛的油門反應就截然不同。

所以在引擎全原廠的情況下，對車輛動力輸出改變最直接影響的就是傳動系統與排氣管，這次所使用的傳動全部是由WF部品所提供，從盤面角度與普利珠重量下去改變，套管稍微加長約1mm以利起步加速，畢竟在場地內使用到極尾速的機會並不大，黃蜂排氣管對於統規車要求有幾項，其中最主要當然是不能有觸地問題，選手們才能安全盡情奔馳，另外採用分離式排氣管方便維修，低噪音也是使用要求目標之一，在傳動系統與排氣管搭上之後，依照經驗其實普利珠可以再輕點，讓油門反應更好，但在大彈簧也使用原廠的情況下，最後決定維持原本改裝品重量，協調性算是已經非常好了。

▼KOSO的空濾主體設計相當流線，還有額外的降噪功能

NCY 贊助 12 顆前鍛框加碟盤，費用並不便宜，感謝大家的幫忙

5 月開始全台灣受疫情之擾，TSR 錦標賽也因此不斷延賽到 8 月中

NCY 三爪鍛框通過輪圈強度測試，場地使用可以特別放心

KOSO 外觀件大量導入

2021 年的 TSR 山葉六代統規賽比賽車輛，導入大量 KOSO 製造的外觀件，細數項目共有傳動外蓋、椅墊下胸蓋、水箱外蓋、空濾外蓋共計四大項，這四大項都有自己的獨立功能，安裝起來都不算費力，除了輕量對於實質性能也有幫助，就例如塑膠製傳動外蓋也有減免左側外蓋觸地的麻煩，目前似乎尚未完全市售，在施作時也與 KOSO 工程師幾度溝通，後端離合器外的培林孔是要為調整的，才符合中心位置，輕量美觀與不觸地，該商品後續看好。

入門版 RR 預載彈簧可調跟伸側可調，已達基本比賽使用要求

搭配 N 系列剎車盤，NCY 也特別用心地在上方另外雷雕 TSR 字樣

空濾外蓋部分配合吸音棉有降噪的能力，這部分也符合協會統規車低噪音的目標，外觀也算流線，但是否有實際提升動力就沒有實測了，胸蓋部分除了造型更搶眼之外，KOSO 製的塑膠件對應原廠周邊的殼，吻合度也相當的好，右側水箱罩部分，在場地實測時則有稍微觸地的問題，不是很嚴重，延伸的部份對於排氣管頭段防燙也很有幫助，今年度統規車在導入大量 KOSO 套件後，外觀與性能都更顯精進不少。

統規賽第二站順利舉行

今年度統規賽第二站已經順利舉行完成，陳郁樺選手連續兩站冠軍

TSR 在車輛組裝完成後更特地前往 ARTC 車測中心測試品質

圖為 WF 搶眼的粉紅色傳動系統，外蓋之後更換為 KOSO 製品

老中青三代選手共同挑戰統規賽，磨練出國內優質賽車運動選手

期待疫情結束之後，能廣邀世界各國的選手們來台交流

國內精品 NCY + RPM

RPM 以專精避震器開發製造聞名，NCY 近年來則是鍛框與碟盤獲得市場好評，在今年統規車套件選用時，也同時獲得這兩家公司支持，RPM 避震以市場最熱銷之入門版 RR 入選，預載彈簧可調跟伸側可調，已達基本比賽使用要求，經過兩場賽事洗禮，雖然性能當然無法跟高階避震相比，但也無不良反應，表現良好。

前框由 NCY 贊助之三爪鍛框，該款輪框通過輪圈強度測試，場地使用特別放心，搭配 N 系列剎車盤，NCY 也特別用心地在上方另外雷雕 TSR 字樣，原先預計連同剎車皮要使用 NCY 製品，但當時考量施作時間，加上全新車剎車皮都是新品，經討論後先統一使用原廠品，未來有機會再連同更換，在懸吊與剎車強化之後，統規車的雛型已經幾乎完成，MAXXIS S98 輪胎在市場已經獲得相當高的評價，連同本次入選使用，在選手們的高熟悉度使用之下，自然每位選手也發揮的淋淋盡致。

MAXXIS S98 輪胎在市場已經獲得相當高的評價，連同本次入選使用

CHAPTER 11

MAAT六代勁戰冠軍車

MAAT二輪部品積分賽

MAAT台灣二輪部品協會，去年開始與TSR合作共同舉辦MAAT SUPER C組積分賽，所謂的SUPER C組，就是以TSR C組車輛改裝規定為基礎，但不限制選手級別的組別。

讀者們一下子可能比較不了解，在TSR錦標賽中的選手分級，共分成A、B、C、D四個等級，每一個級別的車輛改裝規定都不大相同，選手依照自身的選手等級參加專屬的組別，循序漸進，讓花費與比賽強度依照選手能力慢慢往上，藉此讓選手不要一來參加比賽就花費甚鉅，甚至跟一堆牛鬼蛇神一起比賽，各組別的車速也不同，簡單說就如同MOTO GP一樣分組分級。MAAT超級C組跳脫TSR既有賽規框架，所有選手不限級別都可參加，老中青三代共聚一堂，一個現有賽制中高強度的組別。

山葉車隊正式成軍

繼三陽之後以廠隊姿態參賽

六代勁戰連續拿下兩場冠軍，在強敵環伺之下實在是不簡單

六代戰連拿下兩場冠軍

今年因為疫情的關係延賽，而導致全年賽程大亂，以往十幾年來TSR錦標賽八月時舉辦經典賽事TSR夏的賽車祭典之後，爭先賽早已經全部完賽，只剩九月份的耐久賽，今年度到八月份才到第三站，MAAT SUPER C組積分賽也因此大亂，目前只舉辦到第二場。

MAAT 超級 C 組這兩場比賽令人驚豔的就是用六代戰連續拿下冠軍

這兩場比賽令人驚豔的就是六代勁戰連續拿下兩場冠軍，在強敵環伺之下實在是不簡單，奪冠的選手是老將鄭進榮，今年度首次加入山葉廠隊隨即拿下兩次分站冠軍，除了本身實力要好之外，車輛設定更是一門學問，為鄭進榮操刀改裝的是位於三重的展馳車業，老闆余政蔚也是位愛玩車的狂熱者，年輕時也曾積極參加摩委會的比賽，現在在三重也是間老字號的精品改裝店。

特定機種站上冠軍獎台不容易

山葉車隊只要是由勁翔與展馳兩間車行，操刀比賽車輛製作

山葉廠隊成軍快一年，就要力拼三陽 JETS 大軍相當辛苦

鋁製鍛框加上 S98 輪胎，為今年山葉廠隊標準配備之一

類似 MOTO GP 賽車所使用的導風剎車散熱裝置，也出現在比賽車上

磨了一整年

六代戰在去年八月推出之後，所有全新的設計令許多技師們頭痛不已，不論是車架或是SMG系統，又加上水冷與VVA可變汽門引擎，要在一年內把所有零配件開發完成，還有懸吊等等，並連續拿下兩場冠軍真的不簡單，所以說好事多磨，就這樣整整磨了一年。

很多車友都說JETS目前表現還是相當強勁，我也同意這樣的說法，加上最近黃皓選手用JETS拿下睽違已久的A組冠軍，打破十幾年來A級賽事都是勁戰奪冠的傳說，寫下全新的傳奇，但如果大家仔細去探討JETS發展過程，其實前後也磨了三年左右才開始發揚光大，A組更是將近有四年的時間，山葉六代戰參賽要在一年間就能拿下如此的佳績，其實也相當不簡單，所以這邊沒有去為哪家車廠說話，不論是山葉或是三陽，這兩間車廠投入參賽都相當不簡單，也不斷去改變國內賽車選用機型，寫下125cc級距運動機型新指標。

▲自製碳纖維油底殼，容量與包覆性都符合TSR賽規

黃蜂排氣管除了支持統規車比賽之外，也投入山葉廠隊車輛

重點在左方紅色的熄火斷電開關，目前在C組賽規上須強制安裝

展馳老闆不藏私

在訪問到余老闆的同時，順便介紹一下余老闆，其實我跟他認識應該是有超過20年以上，我們年輕時都有在一起賽車，大約是在1999年至2001左右，光陰似箭不知不覺20年過去了，一個頭髮變白，一個肚皮變大。但也因為玩車底的關係，余老闆在設定車輛的要求與專業性，總是特別眼光獨到，調整賽車車輛最擔心的就是車手表達的與實際想要的不同，進而產生錯誤的決定與設定，陷入弄不好車輛的泥沼之中。

後剎車油管採用「直接」方式，盡量去減少管徑大小變化

鄭進榮與陳韋豪兩位選手與余老闆在賽車調整上配合多年，這次使用六代戰參賽在調整與溝通上，確實快人一步，在MAAT比賽中直接奪下冠軍，替六代戰機型注入一股強心針。

▲比賽決賽圈數不多，展馳車業很有信心的把傳動風葉阻抗降至最低

▼自製賽車用腳踏須符合不可超過車體最大寬度1CM的安全規定

展馳車業余老闆在設定車輛的要求與專業性，總是特別眼光獨到

雖然是C組賽車，但防甩頭依然是展馳車隊選用配備之一

K&S千富實業也有推出賽車專用握把，握感良好展馳車隊入選使用

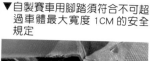

S98 輪胎在安定比賽跑完之後，胎面磨耗算是表現非常良好

余老闆分享幾項動力設定的要點，首先凸輪軸是賽規允許改裝的部份，也是改裝跟設定的重點項目，以賽車化的設定根本無需使用到低速的 VVA 系統，所以此部份設定幾乎都全在高速域，又因為本身系統上較重的關係，最大轉速只能設定在約 10800RPM 左右，動力與扭力帶就要盡量做寬，不能只做尖峰出來，除了車子不好騎以外，六代的引擎特性也是不允許這樣設定，搭配的排氣管也很重要，在頭段漸擴位置不能放太大，扭力會不夠加上高轉也上不去，像舊氣冷引擎去過度放大頭段反而是沒必要的，這兩點在引擎出力設定上很重要，要先抓好基礎才可以。

懸吊設定是精髓

展馳老闆認為六代戰大家初期在懸吊設定上一直摸不著頭緒，很多人開始怪車架支點設計等等，旁門左道開始一大堆，以比賽車輛設定來說，基本的前傾角、拖曳距、前叉與後避震的升程量等等先設定好才是基礎，接下來才是依照選手所喜愛的特性去微調，這邊實在是沒辦法偷懶，只能不斷的反覆測試再測試，後避震使用 GJMS 品牌，公司也在這邊不斷去協力與開發，累積出來的數據再不斷修正，目前整體懸吊設定已經非常有水準了。

前後輪全年使用 MAXXIS S98 參賽，性能與品質表現優異

GJMS 不斷去協力與開發，目前整體懸吊設定已經非常有水準了

▲ GJMS 賽車用高低速油路可調，也是賽車頂配之一了

▼ GJMS GX 系列列避震器，在去年推出之後市場評價也相當高

山葉六代戰持續進化中，期待未來比賽成績能更好

前叉部分的作動升程量設定在約快 9cm 的位置，言下之意就是在快觸底的位置，到 9cm 觸底的話，重煞加上路面若不平整，自然會產生彈跳，那叫誰來騎都是沒辦法克服的問題，所以回歸到車輛懸吊設定好，是很重要的事，當初不管是雷霆或是 JETS 都是這樣努力發掘來的。另外前叉是有做降低的設定，藉此縮小前傾角的度數，以場地競賽使用來說前叉降約 2cm，這部分又因人而異，兩台比賽車另一台降約 1.8cm，這部份真的要看選手使用狀況，包括重剎車時的操作習慣，但稍微降前叉是利於迴旋不爭的事，畢竟這是賽車不是道路使用，降過頭讓車輛變得神經質也不行，前叉阻尼伸壓測設定也更是一門學問，認真不斷反覆的測試最重要，賽車想要贏可是不能偷懶的。

CHAPTER 12

六代戰綜合戰力總結！

這一年的內容總結

這單元從一開始介紹原廠設計的理由與方向後，接著帶到坊間較為流行的改裝，以及製造業與賽車都有帶入與介紹，改裝精品推陳出新，要寫的很詳細到完整是不可能的，但在內容中讀者們若能稍微融會貫通，我相信多少對車輛工程與知識都會有所幫助，某些車輛工程較為艱深的部分，篇幅較少的主要原因在於吸收度，一下子寫出來我認為會較難吸收，並不是說讀者們一定都不想了解或不懂，而是期望能淺顯易懂，這邊也請大家見諒。

目前改裝汽缸已經譜出三個基本規格，那就是59mm以及63mm這兩款

在 125cc 水冷世代來臨的同時，國內的改裝水準連帶提升

改裝缸目前妥善率都算是相當好，比起早期推出的改裝品好上許多

發展一年多的六代戰

不知不覺一年過去了，全國經歷了疫情的緊張與近期的趨緩，由我們所主辦的 TSR 賽事也因此大亂，原定八月份的比賽也因此延到 11 月才有辦法舉行，六代戰在推出至今一年多，不論讀者們有沒有辦法認同這台車子，但事實上這一年多來的時間，確實再創下國內業界奇蹟，在車輛推出後國內無不全力衝刺這輛車的所有改裝精品，在短短的一年時間之內，想的到的曲軸、汽缸、凸輪、排氣管、傳動、懸吊、剎車、電腦等等全部上線。

汽門座圈的氣密性很重要，關係到性能與怠速穩定度

隨著寫單元的時間過去，六代戰的改裝品也越來越成熟，到由我們協辦的 MAAT 二輪部品 SUPER C 比賽中，已著實的拿下冠軍王位，硬要跟 SYM JETS 相比的話，YAMAHA 勁戰只花一年的時間就有這樣的實力，實在是非常不簡單，但又從 TSRRC 組（FIM 認證組）來看，JETS 表現還是很強勁，未來怎樣走？加上七期車上路，大家都必須面對更嚴格的環保法規的同時，一切的動向又更添變數，頭號對手 JET SL 水冷也在前幾個月誕生。

VVA 系統在短短一年的時間內，國內業者已經完全掌握其特性

來自高雄的 OP 車隊在顏技師的操刀之下，今年賽場表現相當亮眼

最新的改裝引擎市場

在引擎動力改裝部分，經過了一年的發展時間，目前汽缸已經譜出二個基本規格，那就是 59mm 以及 63mm 這兩款，曲軸行程加大與否先跳開，這兩款汽缸規格目前最常被改裝引擎動力玩家們所使用，輸出力量以及妥善率都算是相當好，比起早期推出的改裝品好上許多，早期第一批改裝品比較容易吃機油，主因是出在活塞第三環的刮油環，當時控制沒那樣精準，以我自己使用經驗來看，出現平均行駛 500km 吃掉約 100cc 的機油，壞掉是沒有但難免期望能做得更好，而目前的改裝缸已經非常成熟，1000km 如果小吃 50cc 在我的認為都算是還好，耐用性也相對提高。

前後懸吊調整大家也摸索得差不多了，賽季後段表現越來越佳

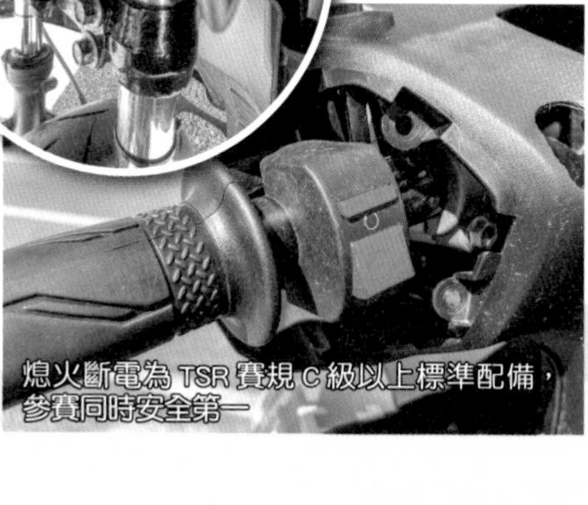

熄火斷電為 TSR 賽規 C 級以上標準配備，參賽同時安全第一

大燈殼在安裝後，其實整體的視覺感是比較好，也能減少風阻

手工加大節流閥也是道路改裝選項之一，補足加大排量後的效率

排氣管在發展一年之後，已能達到小聲並且獲得高性能

凸輪改裝發展也已經接近完美，在六代這顆VVA引擎設計中，加上配合國內七期環保法規，凸輪軸的進排氣時間設定，在眾多改裝業者中也已經一致認為不可能朝向高轉化設定，由於進排氣流量與流速等等的關係，一旦超過極限馬力輸出會像跳水式的下降，所以目前都已加大動力帶的方式進行設定，讓玩家能有更好騎乘感受的體驗感設定，不再像以前氣冷引擎時代那樣高轉化，屬於較尖的動力帶設定，現行再搭配六代戰較大的傳動比模式，稍微改裝一下，錶速上120KM/H以上相當輕鬆。

手工打磨汽門座圈角度，藉此改變進排氣流量與流速

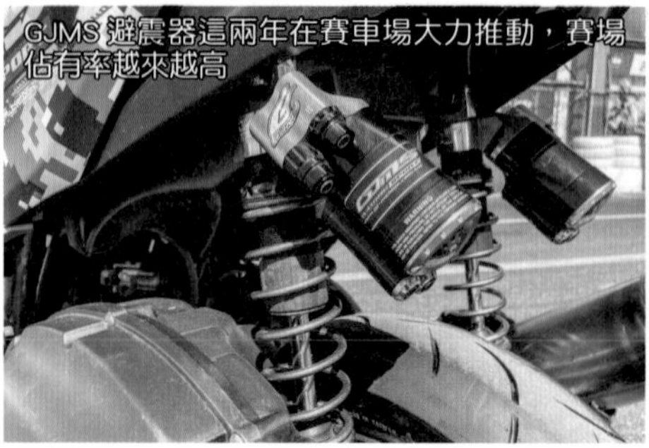
GJMS避震器這兩年在賽車場大力推動，賽場佔有率越來越高

多功能AIM賽車專用判讀表，幾乎已經快變比賽車輛標配

賽車場與市場未來的觀察

今年度勁戰六代在賽車場上的表現，算是拿下還不錯的成績，當然先前有提到JETS表現也是非常強勁，如果以目前的賽規來看，JETS畢竟是五期環保法規末期的車輛，在改裝規定上與現行法規來看，JETS確實比較吃香點，以我們推賽車的立場來看，並且沒有袒護任何一方，國內的產業必須向前進，不可能守舊去讓舊型車一直繼續參賽，那你若以體育運動賽事而言來看，車型並非是絕對，這回到體育運動。

機油尺加綁保安鋼絲，也是TSR賽規安全要求項目之一

RPM 今年也有投入開發六代戰比賽車，可惜沒有正式下場參賽

JETS 也停產了，SR 車款勢必也一樣會停售，畢竟國內的法規已經走到七期，就像勁戰車系還在用第一代來比賽的，站在公平的立場與安全性，這些都要慢慢汰換掉，這關係到產業發展與政令推動，也符合參賽店家利益，當店家或製造業投入賽事時，總要有市場能夠回饋，至於細項如何去訂定？我也還在思考，如何在體育賽事與產業發展中，盡量來取得平衡。

六代戰改裝碟盤，也是許多改裝品牌積極開發的項目

另外在市場上來看，下半年在疫情趨緩後市場有逐漸熱絡回溫，改裝市場還是以山葉機型為大宗，其中不光是勁戰六代，水冷 BWS 的玩家族群也不少，跟 SYM JET 車系相比的話，JET 的玩家大多以外觀改裝較多，或小幅度的輪胎傳動剎車等等，比較肯花錢的玩家確實還是山葉機型居多，JET 要洗回來短期內並不容易，不論是哪間車廠，在良性競爭下的性能提升，受益的都是消費者。

山葉廠隊在去年打開雛形之後，今年正式成軍參賽

六代統規車比賽也在10月31日正式完成，期待明年全新賽季的到來

趕在截稿前六代戰再次奪冠，並拿下MAAT SUPER C組年度冠軍

詹柏堯選手今年因為工作關係，表現沒那摸亮眼，繼續加油！

未來比賽是否有更大的改裝空間與幅度？也很值得討論

國內的法規已經走到七期，站在公平的立場有些老車都要慢慢汰換掉

今年度勁戰六代在賽車場上的表現，算是拿下還不錯的成績

以廠隊陣容正式進入TSR錦標賽，未來如何變化拭目以待

老吳最後給讀者們

連載一年了！趕在截稿前六代戰再次奪冠，並拿下MAAT SUPER C組年度冠軍，期待讀者們會喜歡我的六代戰車輛工程與改裝應用剖析單元，一路來我用我的所學的知識與見解，很榮幸能跟讀者們一起分享，機車充滿了很多很有趣的事物，不論是騎乘還是車輛設計本身，也希望能藉由這些淺顯易懂的文章，勾起發想屬於機車的一切事物。

機車科技日新月異，年輕時整天在搞二行程引擎，到後來的四行程與化油器，到現在的噴射與電動機車，世代的交替與科技的進步，導入越來越多新穎的技術在機車上，帶來更舒適、安全、性能的騎乘感受，這就是來自機車的感動與樂趣，自由自在的愉快感受，筆者最後在這也謝謝大家的閱讀，並祝大家行車平安！

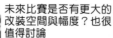

U0035739

摩托車雜誌特刊

勁戰六代
改裝應用剖析

作　　者：吳仲軒
執行編輯：林建勳
美術編輯：陳柏翰

發 行 人：王淑媚
社　　長：陳又新
出版發行：菁華出版社
地　　址：台北市 106 延吉街 233 巷 3 號 6 樓
電　　話：(02)2703-6108
發 行 部：黃清泰
訂購電話：(02)2703-6108#230
劃撥帳號：11558748

印　　刷：科樂印刷事業股份有限公司
(02)2223-5783
http://www.kolor.com.tw/site/

定　　價：新台幣 180 元
版　　次：2021 年 12 月初版

ISBN：978-986-99675-3-2
Printed in Taiwan

MotorWorld
摩托車雜誌特刊